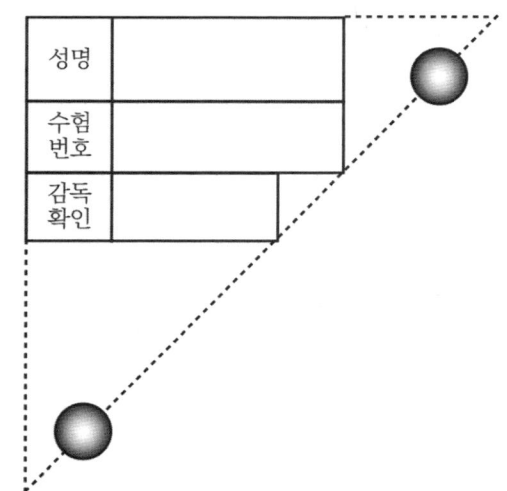

국가기술자격 실기시험 문제 및 답안지

20○○년도 기사 제1회 필답형 실기시험

종 목	시험시간	배 점	문제수
소방설비기사(기계분야)	3시간	100	16

* * 수험자 유의사항 * *

일반사항

1. 시험 문제를 받는 즉시 응시하고자 하는 종목의 문제가 맞는지를 확인하여야 합니다.
2. 시험 문제지 총 면수, 문제 번호 순서, 인쇄 상태 등을 확인하고(확인 이후 시험 문제지 교부 불가), 수험번호 및 성명을 답안지에 기재하여야 합니다.
3. 부정 또는 불공정한 방법(시험문제 내용과 관련된 메모지 사용 등)으로 시험을 치른 자는 부정행위자로 처리되어 당해 시험을 중지 또는 무효로 하고, 3년간 국가 기술검정의 응시자격이 정지됩니다.
4. 전자계산기는 허용된 계산기에 한해서만 사용이 가능합니다.
5. 시험 중 전자·통신기기(휴대폰 및 스마트 워치 등)를 지참하거나 사용할 수 없습니다.
6. 문제 및 답안(지), 채점기준은 관계법령(공공기관의 정보공개에 관한 법률 제9조(비공개대상정보) 1항 5호)에 의해 공개하지 않습니다.
7. 복합형 시험의 경우 시험의 전 과정(필답형, 작업형)을 응시하지 않은 경우 채점 대상에서 제외합니다.
8. 국가기술자격 시험문제는 일부 또는 전부가 저작권법상 보호되는 저작물이고, 저작권자는 한국산업인력 공단입니다. 문제의 일부 또는 전부를 무단 복제, 배포, 출판, 전자출판하는 등 저작권을 침해하는 일체의 행위를 금합니다.
9. 국가기술자격증 신청·발급은 온라인으로만 가능합니다.(공단 방문 신청·발급 폐지, Q-net 공지사항 및 수험표 참조)

채점사항

1. 수험자 인적사항 및 답안 작성은 반드시 검은색 필기구만 사용하여야 하며, 그 외 연필류, 유색 필기구, 지워지는 펜 등을 사용한 답안은 채점하지 않으며 0점 처리됩니다.
2. 답란에는 문제와 관련 없는 불필요한 낙서나 특이한 기록사항 등을 기재하여서는 안 되며, 답안지의 인적사항 기재란 외의 부분에 답안과 관련 없는 특수한 표시를 하거나 특정인임을 암시하는 경우 답안지 전체를 0점 처리합니다.
3. 계산문제는 반드시 「계산과정」과 「답」란에 기재하여야 하며, 「계산과정」과 「답」이 모두 맞아야 정답으로 인정됩니다.
4. 계산문제는 최종 결괏값(답)에서 소수 셋째 자리에서 반올림하여 둘째 자리까지 구하여야 하나 개별 문제에서 소수 처리에 대한 요구사항이 있을 경우 그 요구사항에 따라야 합니다.
5. 답에 단위가 없으면 오답으로 처리됩니다. (단, 문제의 요구사항에 단위가 주어졌을 경우는 생략되어도 무방합니다)
6. 문제에서 요구한 가지 수(항수) 이상을 답란에 표기한 경우에는 답란기재 순으로 요구한 가지 수(항수)만 채점하고 한 항에 여러 가지를 기재하더라도 한 가지로 보며 그중 정답과 오답이 함께 기재되어 있을 경우 오답으로 처리됩니다.
7. 답안 정정 시에는 정정하고자 하는 단어에 두 줄 (=)을 긋고 다시 작성하거나 수정테이프(수정액 제외)를 사용하여 정정하시기 바랍니다.

※ 수험자 유의사항 미준수로 인한 채점상의 불이익은 수험자 본인에게 책임이 있습니다.

〈국가기술자격 부정행위 예방 캠페인 : "부정행위, 묵인하면 계속됩니다."〉

득점	배점
	8

1. 가연물에 국소방출방식의 고압식 이산화탄소 소화설비를 설치하고자 한다. 다음 그림을 참고하여 각 물음에 답하시오. (단, 가연물 바로 뒤에 가로 20 [m], 세로 6 [m]의 고정된 벽체가 설치되어 있으며 벽체는 불연재료이다)

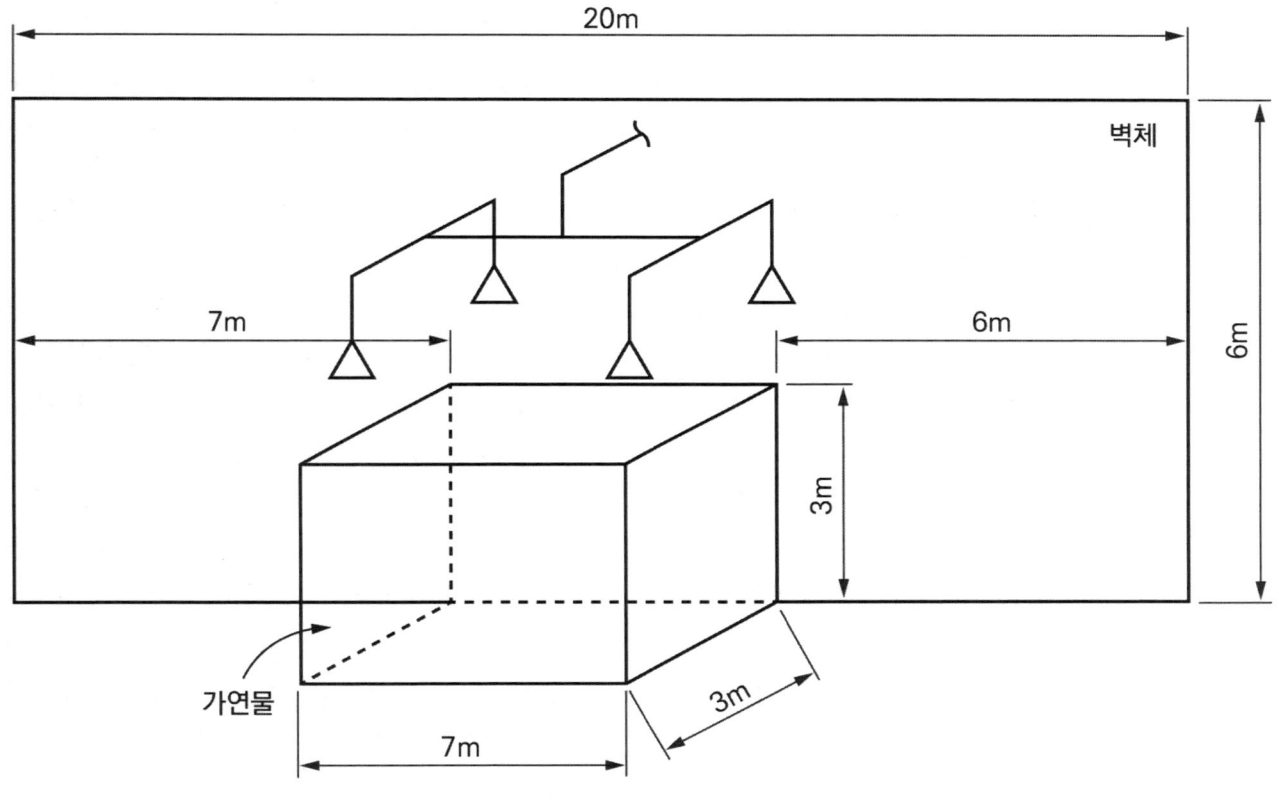

(1) 방호공간의 체적 [m³]을 구하시오.

계산 :

답 :

(2) 소화약제 최소저장량 [kg]은 얼마인가?

계산 :

답 :

--- 연 습 란 ---

※ 다음 여백은 계산 연습란으로 사용하십시오.

(3) 저압식 이산화탄소 소화설비로 할 때 소화약제 최소저장량 [kg]은 얼마인가?

계산 :

답 :

(4) 저장용기와 선택밸브 또는 개폐밸브 사이에 설치하는 안전장치와 관련하여 다음 [보기]에서 괄호 안에 들어갈 말을 찾아 쓰시오.

[보기]
최소사용설계압력, 최대사용설계압력, 최소허용압력, 최대허용압력, 내부, 외부, 용전식, 파열판식, 중추식, 스프링식

이산화탄소 소화약제 저장용기와 선택밸브 또는 개폐밸브 사이에는 배관의 (①)과 (②) 사이의 압력에서 작동하는 안전장치를 설치해야 하며, 안전장치를 통하여 나온 소화가스는 전용의 배관 등을 통하여 건축물 (③)로 배출될 수 있도록 해야 한다. 이 경우 안전장치로 (④)을 사용해서는 안 된다.

2. 소화용수설비를 설치하는 지하 2층, 지상 3층의 특정소방대상물의 연면적이 37000 [m²]이고, 각 층의 바닥면적이 다음과 같을 때 물음에 답하시오.

득점	배점
	6

층수	지하 2층	지하 1층	지상 1층	지상 2층	지상 3층
바닥면적	8000 [m²]	8000 [m²]	7000 [m²]	7000 [m²]	7000 [m²]

(1) 소화수조의 저수량 [m³]을 구하시오.

계산 :

답 :

--- 연 습 란 ---

※ 다음 여백은 계산 연습란으로 사용하십시오.

(2) 저수조에 설치하여야 할 흡수관 투입구, 채수구의 최소 설치 수량을 구하시오.

　① 흡수관 투입구의 수 :

　② 채수구의 수 :

(3) 저수조에 설치하는 가압송수장치의 송수량 [L/min]은?

　답 :

3. 다음 지상 8층의 의료시설에 구조대를 설치하고자 한다. 다음 조건을 참고하여 해당 특정소방대상물에 설치하여야 할 구조대의 개수를 구하시오.

득점	배점
	4

[조건]
① 의료시설의 각 층 바닥면적은 3500 [m²]이다.
② 특정소방대상물은 주요구조부가 내화구조이고 피난계단이 2개소 설치되어 있다.
③ 기타 조건 이외의 감소되거나 면제되는 조건은 없다.

계산 :

답 :

-- 연 습 란 --

※ 다음 여백은 계산 연습란으로 사용하십시오.

4. 아래 그림은 어느 거실에 대한 급기 및 배출풍도와 급기 및 배출 FAN을 나타내고 있는 평면도이다. 그림 및 [조건]을 참조하여 각 물음에 답하시오. (단, 각 구역의 바닥면적은 동일하다)

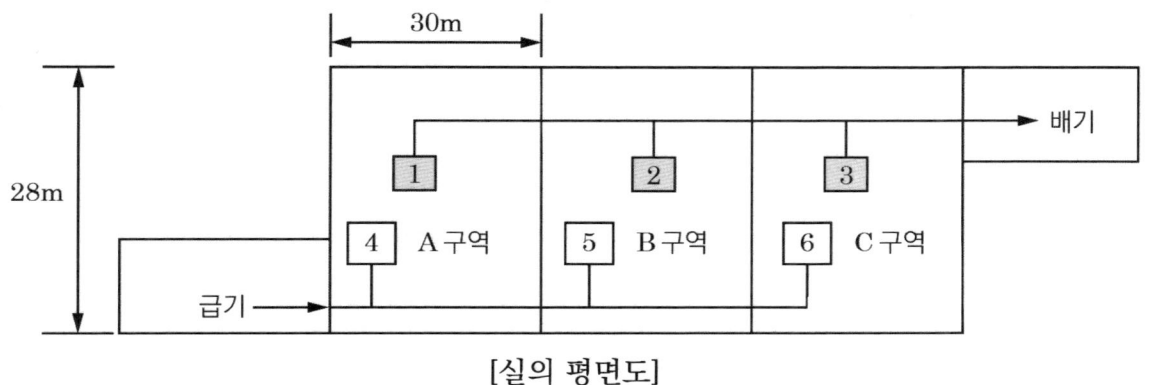

[실의 평면도]

[조건]
① 제연방식은 인접구역상호제연방식으로 한다.
② 공동예상제연구역의 구획은 제연경계로 되어 있다.
③ 바닥으로부터 천장까지의 높이는 3.5 [m]이다.
④ 바닥으로부터 반자까지의 높이는 3 [m]이다.
⑤ 제연경계의 폭은 0.8 [m]이다.

(1) 배출기의 최소배출량 [m³/hr]을 산정하시오.

계산 :

답 :

⑵ B구역 화재 시 댐퍼의 동작 상태를 쓰시오. 단, 댐퍼의 작동 여부는 문제에 명시된 기호로 표기하시오.
(○ : 열림 ● : 닫힘)

구분	배기			급기		
	1	2	3	4	5	6
B구역 화재						

5. 수계소화설비에서 다음의 어느 하나에 해당하는 장소에는 배관을 소방용합성수지배관으로 설치할
   수 있다. 다음 (   ) 안을 채우시오.

득점	배점
	3

⑴ 배관을 (①   )에 매설하는 경우
⑵ 다른 부분과 (②   )로 구획된 덕트 또는 피트의 (③   )에 설치하는 경우
⑶ 천장과 반자를 (④   ) 또는 (⑤   )로 설치하고 소화배관 내부에 항상
   (⑥   )가 채워진 상태로 설치하는 경우

6. 지하 2층, 지상 10층인 특정소방대상물에 아래와 같은 조건의 스프링클러설비를 설치하고자 한다.
   다음 각 물음에 답하시오.

득점	배점
	10

-- 연 습 란 --

※ 다음 여백은 계산 연습란으로 사용하십시오.

[조건]
① 해당 특정소방대상물의 지하층은 주차장 및 차고로, 지상층은 사무실로 사용한다.
② 해당 건축물은 내화구조이며 연면적 20000 [m²]이고, 층당 높이는 4 [m]이다.
③ 해당 특정소방대상물은 동결의 우려가 없으며, 층당 스프링클러헤드가 200개 설치되어 있다.
④ 펌프의 효율은 65 [%]이며, 전달계수는 1.1이다.
⑤ 실양정은 52 [m]이고, 배관의 마찰손실은 실양정의 30 [%]를 적용한다.
⑥ 최상층 말단 스프링클러헤드의 방수압력은 0.1 [MPa]이다.

(1) 스프링클러헤드의 설치 간격 [m]을 구하시오. (단, 헤드는 정방형으로 배치한다)
　계산 :

　답 :

(2) 펌프의 전동기 용량 [kW]을 구하시오.
　계산 :

　답 :

(3) 최소 수원의 양 [m³]을 구하시오. (단, 옥상수조를 포함하여 산정한다)
　계산 :

　답 :

-- 연 습 란 --
※ 다음 여백은 계산 연습란으로 사용하십시오.

⑷ 기호 Ⓐ의 설치기준에 대한 사항이다. (   ) 안에 채우시오.

[보기]
⑴ Ⓐ에는 전용의 (①   )를 설치할 것
⑵ ①의 유효수량은 (②   ) [L] 이상으로 하되, 구경 (③   ) [mm] 이상의
   (④   )에 따라 해당 수조에 물이 계속 보급되도록 할 것

⑸ 기호 Ⓑ의 명칭과 그 역할을 쓰시오.

　명칭 :

　역할 :

⑹ 기호 Ⓒ의 명칭과 작동압력범위를 쓰시오.

　명칭 :

　작동압력범위 :

⑺ 배관 내 사용압력이 1.2 [MPa] 미만일 경우 사용할 수 있는 배관 2가지를 쓰시오.

　①

　②

-- 연 습 란 --

※ 다음 여백은 계산 연습란으로 사용하십시오.

7. 절연유 봉입변압기에 물분무소화설비를 그림과 같이 적용하고자 한다. 바닥 부분을 제외한 변압기의 표면적을 100 [m²]라고 할 때 다음 물음에 답하시오. (단, 물분무헤드의 방사압력은 0.4 [MPa]로 한다)

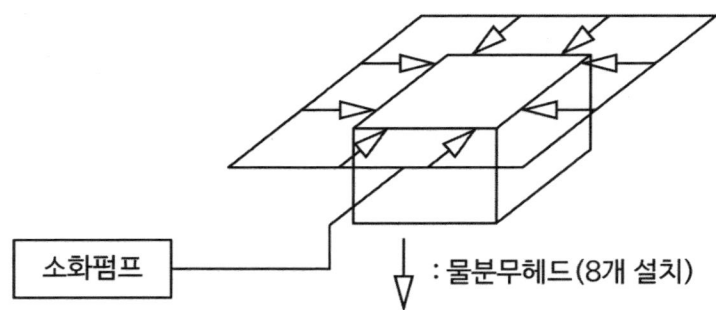

(1) 펌프의 분당 토출량 [L/min]을 구하시오.
   계산 :

   답 :

(2) 헤드 1개당 방사량 [L/min]을 구하시오.
   계산 :

   답 :

(3) 방출계수 K를 구하시오.
   계산 :

   답 :

⑷ 수원의 양 [m³]을 구하시오.

계산 :

답 :

⑸ 고압의 전기기기가 있을 경우 물분무헤드와 전기기기의 이격거리 기준인 다음의 표를 완성하시오.

전압 [kV]	거리 [cm]	전압 [kV]	거리 [cm]
66 이하	(①) 이상	154 초과 181 이하	180 이상
66 초과 77 이하	80 이상	181 초과 220 이하	(②) 이상
77 초과 110 이하	110 이상	220 초과 275 이하	(③) 이상
110 초과 154 이하	150 이상		

8. 다음 표에서 각 옥외소화전 개수에 따른 소화전함의 최소 설치 개수를 쓰시오.

득점	배점
	3

옥외소화전	7개	27개	40개
소화전함의 최소 설치 수량	(가) :	(나) :	(다) :

-- 연 습 란 --

※ 다음 여백은 계산 연습란으로 사용하십시오.

9. 경유를 저장하는 내부 직경이 50 [m]인 플로팅 루프 탱크에 포소화설비의 고정포 방출구를 설치하여 방호하려고 할 때 다음 물음에 답하시오.

[조건]
① 포소화약제는 6 [%]용의 단백포를 사용하며, 수용액의 분당 방출량은 8 [L/m²·min]이고, 방사시간은 30분을 기준으로 한다.
② 탱크 내면과 굽도리판의 간격은 1.2 [m]로 한다.
③ 보조포 소화전은 3개 설치되어 있다.
④ 송액관의 길이는 200 [m]이며 송액관의 내경은 100 [mm]이다.
⑤ 물의 밀도는 1000 [kg/m³]이며, 포수용액의 밀도는 1050 [kg/m³]이다.
⑥ 주어진 조건 외의 것은 화재안전기술기준에 따른다.

(1) 고정포 방출구의 종류는 무엇인가?
   답 :

(2) 포수용액을 토출하는 가압송수장치의 분당 토출량 [L/min]은 얼마 이상이어야 하는지 구하시오.
   계산 :

   답 :

(3) 저장하여야 하는 수원의 최소량 [m³]을 구하시오.
   계산 :

   답 :

------- 연 습 란 -------
※ 다음 여백은 계산 연습란으로 사용하십시오.

⑷ 저장하여야 하는 포소화약제의 양 [L]을 계산하시오.

계산 :

답 :

⑸ 포수용액을 토출하는 가압송수장치의 최소 질량유량 [kg/min]을 계산하시오.

계산 :

답 :

-- 연 습 란 --

※ 다음 여백은 계산 연습란으로 사용하십시오.

10. 다음은 어느 실들의 평면도이다. 이 중 A실을 급기가압하며, 급기풍량은 0.1 [m³/s]이다. 주어진 [조건]을 이용하여 A실과 실 외부와의 차압 [Pa]을 구하시오. (단, 계산과정에서 문의 누설틈새면적 합계를 구할 때 소수점 다섯째 자리에서 반올림하여, 소수점 넷째 자리까지 구한다)

[조건]
① A_1, A_2, A_3의 누설틈새면적은 각각 0.01 [m²], A_4, A_5, A_6, A_7, A_8, A_9의 누설틈새면적은 각각 0.02 [m²]이다.
② 어느 실을 급기가압할 때 그 실의 급기 풍량은 다음의 식에 따른다.
$$Q = 0.827 \times A \times \sqrt{P}$$
여기서, Q : 급기 풍량 [m³/s]
A : 문의 전체 누설틈새면적 [m²], P : 문을 경계로 한 기압차 [Pa]

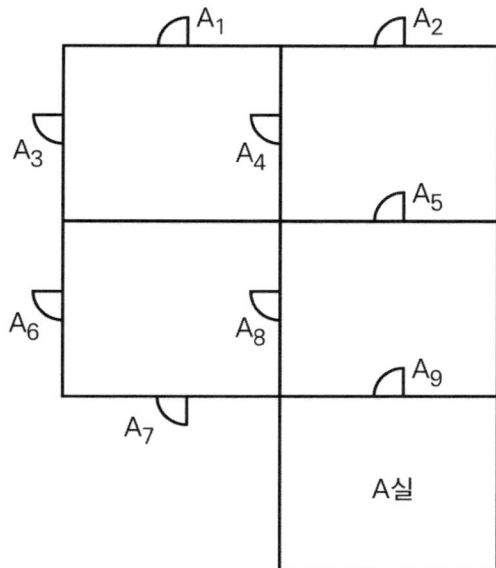

계산 :

A실에서 외부까지의 누설 경로
- 경로 1 : A_9 (A실 → 외부), 면적 = 0.02 [m²]
- 경로 2 : A_8 → (A_6 ‖ A_7) → 외부 (직렬-병렬)

병렬 합 : $A_6 + A_7 = 0.02 + 0.02 = 0.04$ [m²]

직렬 합 (A_8과 ($A_6 + A_7$)):
$$\frac{1}{A^2} = \frac{1}{0.02^2} + \frac{1}{0.04^2} = 2500 + 625 = 3125$$
$$A = \frac{1}{\sqrt{3125}} = 0.01789\ [\text{m}^2]$$

전체 누설틈새면적 (경로 1과 경로 2의 병렬):
$$A_{total} = 0.02 + 0.01789 = 0.03789 ≈ 0.0379\ [\text{m}^2]$$

차압 계산:
$$Q = 0.827 \times A \times \sqrt{P}$$
$$0.1 = 0.827 \times 0.0379 \times \sqrt{P}$$
$$\sqrt{P} = \frac{0.1}{0.827 \times 0.0379} = 3.1905$$
$$P = 10.18\ [\text{Pa}]$$

답 : 약 10.18 [Pa]

득점	배점
	10

11. 가로 15 [m], 세로 14 [m], 높이 3.5 [m]인 통신기기실에 할로겐화합물 및 불활성기체소화설비를 설치하고자 한다. 이때 HFC - 23과 IG - 541을 소화약제로 사용 시 다음 [조건]을 참고하여 다음 각 물음에 답하시오.

[조건]
① HFC - 23의 소화농도는 A, C급 화재는 38 [%], B급 화재는 35 [%]이다.
② HFC - 23의 저장용기는 68 [L]이며, 충전밀도는 720.8 [kg/m³]이다.
③ IG - 541의 설계농도는 39.6 [%]이다.
④ IG - 541의 저장용기는 80 [L]용 15.8 [m³/병]을 적용하며 충전압력은 19.996 [MPa]이다.
⑤ 소화약제량 산정 시 선형상수를 이용하도록 하며, 방출 시 기준온도는 30 [℃]이다.

소화약제	K_1	K_2
HFC - 23	0.3164	0.0012
IG - 541	0.65799	0.00239

⑥ 통신기기실의 화재는 일반화재로 가정한다.

(1) HFC - 23의 저장량은 최소 몇 [kg]인가?

계산 :

답 :

(2) HFC - 23의 저장용기 수는 최소 몇 병인가?

계산 :

답 :

--- 연 습 란 ---

※ 다음 여백은 계산 연습란으로 사용하십시오.

⑶ 배관 구경 산정 조건에 따라 HFC - 23의 약제량 방출 시 유량은 몇 [kg/s]인가?

계산 :

답 :

⑷ IG - 541의 저장량은 몇 [m^3]인가?

계산 :

답 :

⑸ IG - 541의 저장용기 수는 최소 몇 병인가?

계산 :

답 :

-- 연 습 란 --
※ 다음 여백은 계산 연습란으로 사용하십시오.

⑹ 배관 구경 산정 조건에 따라 IG – 541의 약제량 방출 시 유량은 몇 [m^3/s]인가?

계산 :

답 :

⑺ 할로겐화합물 및 불활성기체소화설비의 배관과 배관, 배관과 배관부속 및 밸브류의 접속 방법을 2가지만 쓰시오.

답 :

12. 관부속류 또는 배관방식 등에 관한 다음 소방시설 도시기호 명칭 또는 도시기호를 그리시오.

득점	배점
	4

번호	명칭	도시기호
①		─┤├─
②	라인 프로포셔너	
③		
④	옥외소화전	

--- 연 습 란 --

※ 다음 여백은 계산 연습란으로 사용하십시오.

13. 다음 도면은 어느 습식 스프링클러설비의 계통도이다. 이 설비에서 A 헤드만 개방되었을 때 다음 조건을 참조하여 각 물음에 답하시오.

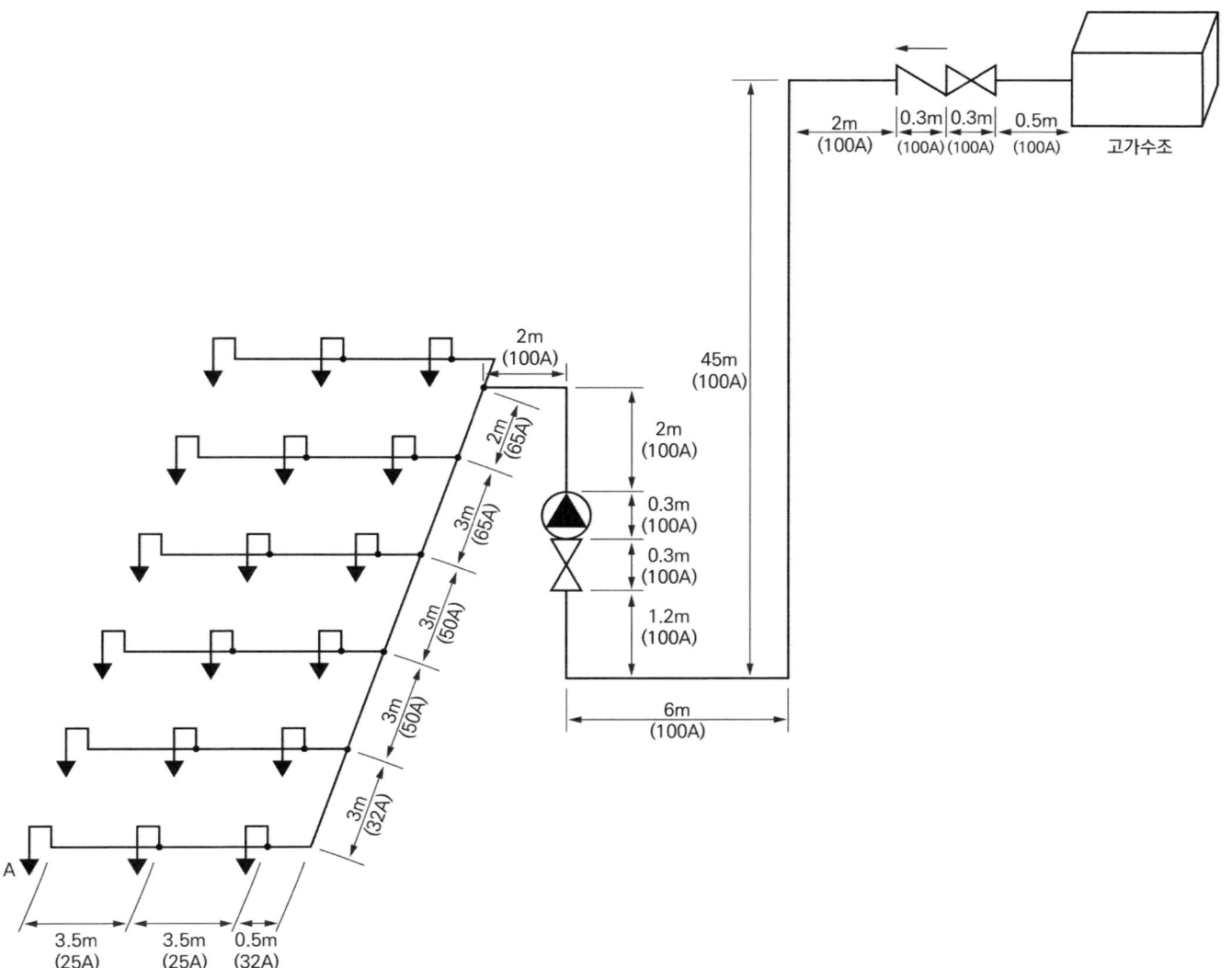

[조건]

① 설치된 헤드의 방출계수 [K]는 모두 80이다.

② 가지배관과 헤드 사이의 마찰손실은 무시한다. (단, 구경 25 [A]에서의 마찰손실만 고려한다)

③ 배관 내 유수에 따른 마찰손실압력은 하젠 – 윌리엄 공식을 따르되 계산의 편의상 다음 식과 같다고 가정한다.

$$\triangle P = \frac{6 \times 10^4 \times Q^2}{C^2 \times D^5}$$

여기서, $\triangle P$: 배관 1 [m]당 마찰손실압력 [MPa/m]

Q : 배관 내의 유수량 [L/min], C : 조도(120), D : 배관의 내경 [mm]

④ 배관의 호칭 구경별 안지름은 다음과 같다.

호칭경	25 [A]	32 [A]	40 [A]	50 [A]	65 [A]	80 [A]	100 [A]
내경 [mm]	27	33	42	53	66	82	102

⑤ 배관 부속 및 밸브류의 등가길이 [m]는 아래 표와 같으며, 이 표에 없는 부속 또는 밸브류의 등가길이는 무시해도 좋다.

호칭경 관부속	25 [A]	32 [A]	40 [A]	50 [A]	65 [A]	80 [A]	100 [A]
90°엘보	0.6	0.9	1.3	1.6	2.0	2.4	3.0
분류티(측류티)	1.7	2.2	2.5	3.2	4.1	4.9	6.0
게이트밸브	0.2	0.2	0.3	0.3	0.4	0.5	0.7
체크밸브	2.3	3.0	3.5	4.4	5.6	6.7	8.7
알람밸브	-	-	-	-	-	-	8.7

⑥ 엘보는 배관지름과 동일한 지름의 엘보를 사용하고, 티는 동일티를 사용한다. 또한 배관이 축소되는 부분은 오직 레듀셔만을 사용한다.

⑦ 관이음쇠 및 마찰손실에 해당하는 직관길이 산출 시 호칭구경이 큰 쪽에 따른다.

⑧ 물의 비중량은 9.8 [kN/m³]이다.

--- 연 습 란 ---

※ 다음 여백은 계산 연습란으로 사용하십시오.

(1) 호칭구경별 등가길이 [m]를 구하시오.

호칭구경	계산과정	등가길이 [m]
25 [A]		
32 [A]		
50 [A]		
65 [A]		
100 [A]		

-- 연 습 란 --

※ 다음 여백은 계산 연습란으로 사용하십시오.

⑵ A헤드로부터 고가수조까지 높이 [m]를 구하시오.

계산 :

답 :

⑶ A헤드에서의 낙차압 [MPa]을 구하시오. (단, 마찰손실을 고려하지 않은 낙차에 의한 압력만을 구한다)

계산 :

답 :

⑷ 배관 1 [m]당 마찰손실압력 [MPa]을 구하시오. (단, A헤드의 방수량은 $Q[L/\min]$ 으로 하고, 마찰손실압력 산출 시 $\square.\square\square\square \times 10^{\square} \times Q^2$ 형태로 작성한다)

호칭구경	계산과정	마찰손실압력 [MPa/m]
25 [A]		( ) $\times Q^2$
32 [A]		( ) $\times Q^2$
50 [A]		( ) $\times Q^2$
65 [A]		( ) $\times Q^2$
100 [A]		( ) $\times Q^2$

--- 연 습 란 ---

※ 다음 여백은 계산 연습란으로 사용하십시오.

(5) A헤드의 방수량 [L/min]을 구하시오.
  계산 :

  답 :

(6) A헤드의 방수압 [MPa]을 구하시오.
  계산 :

  답 :

14. 지상 7층의 근린생활시설에 옥내소화전설비를 설치할 경우 아래의 [조건]을 참조하여 다음 각 물음에 답하시오.

득점	배점
	5

[조건]
① 옥내소화전이 가장 많이 설치된 층의 설치개수는 4개이다.
② 실양정은 25 [m], 배관(관부속 포함) 및 소방호스의 마찰손실수두는 10 [m]이다.
③ 펌프의 효율은 65 [%], 전달계수는 1.1을 적용한다.
④ 배관의 호칭구경은 다음 표를 참조한다.

호칭구경	40 [A]	50 [A]	65 [A]	80 [A]	100 [A]	125 [A]	150 [A]
배관 안지름 [mm]	42.1	53.2	69.0	81.0	105.3	130.1	155.5

⑤ 유량측정장치(유량계)는 오리피스 형식(Orifice Type)을 사용하며 규격은 다음과 같다.

호칭구경	32 [A]	40 [A]	50 [A]	65 [A]	80 [A]	100 [A]	125 [A]
유량 범위 [L/min]	70 ~ 360	110 ~ 550	220 ~ 1100	540 ~ 2200	700 ~ 3300	900 ~ 4500	1200 ~ 6000

--- 연 습 란 ---
※ 다음 여백은 계산 연습란으로 사용하십시오.

⑴ 토출 측 수직 주배관은 호칭구경이 얼마인 배관을 사용하여야 하는가?

계산 :

답 :

⑵ 펌프의 최대 체절압력은 몇 [kPa]인가?

계산 :

답 :

⑶ 성능시험배관에 설치하는 유량측정장치(유량계)의 최소 호칭구경은 얼마인가?

계산 :

답 :

⑷ 펌프를 정격토출량의 150 [%]로 운전할 때의 최소 양정은 몇 [m]인가?

계산 :

답 :

--- 연 습 란 ---
※ 다음 여백은 계산 연습란으로 사용하십시오.

(5) 최소 수원의 양 [m³]은 얼마인가?

   계산 :

   답 :

15. 소방용 펌프가 임펠러 직경 150 [mm], 회전수 1770 [rpm], 유량 4000 [L/min]과 양정 50 [m]로 가압 송수하고 있을 때 펌프를 교환하여 임펠러 직경 200 [mm], 회전수 1170 [rpm]으로 운전하면 유량 [L/min], 양정 [m]은 각각 얼마인가?

득점	배점
	4

(1) 유량 [L/min]

   계산 :

   답 :

(2) 양정 [m]

   계산 :

   답 :

------ 연 습 란 ------
※ 다음 여백은 계산 연습란으로 사용하십시오.

16. 내경이 10 [cm]인 소방용 호스에 내경이 3 [cm]인 노즐이 부착되어 있다. 1.5 [m³/min]의 방수량으로 대기 중에 방사할 경우 아래 조건에 따라 각 물음에 답하시오. (단, 호스 및 노즐의 마찰손실은 무시한다)

득점	배점
	7

 ⑴ 소방용 호스의 평균유속 [m/s]을 계산하시오.

  계산 :

  답 :

 ⑵ 소방용 호스에 부착된 노즐의 유속 [m/s]을 계산하시오.

  계산 :

  답 :

 ⑶ 소방용 노즐의 반동력 [N]을 계산하시오.

  계산 :

  답 :

-- 연 습 란 --

※ 다음 여백은 계산 연습란으로 사용하십시오.

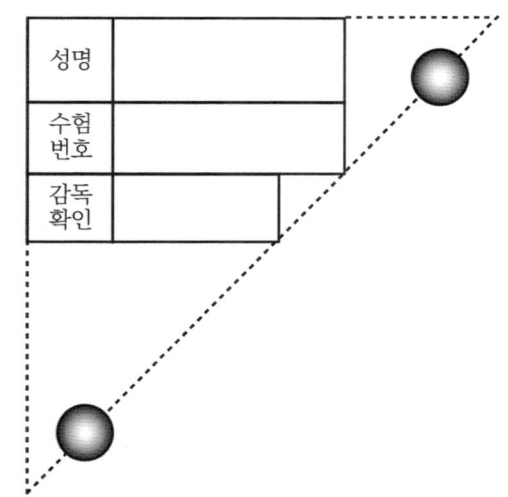
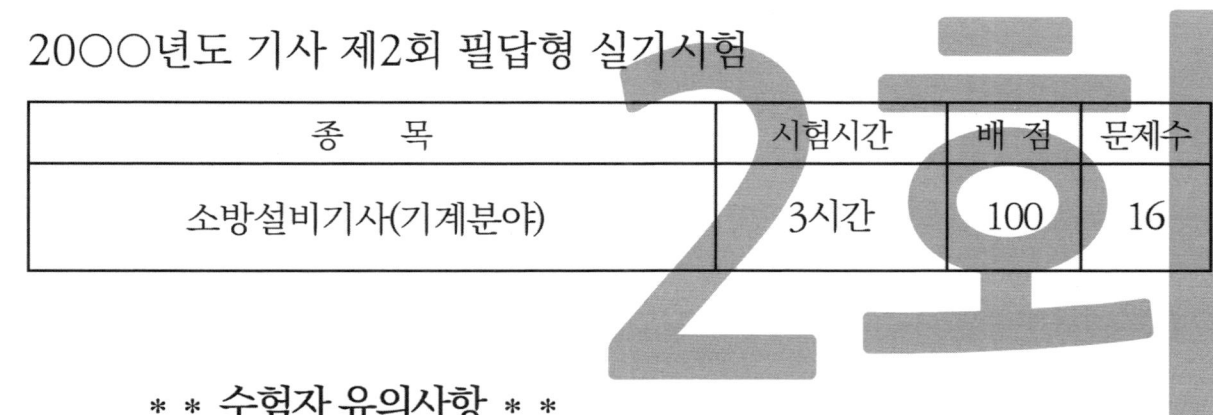

국가기술자격 실기시험 문제 및 답안지

20○○년도 기사 제2회 필답형 실기시험

종 목	시험시간	배 점	문제수
소방설비기사(기계분야)	3시간	100	16

* * 수험자 유의사항 * *

일반사항

1. 시험 문제를 받는 즉시 응시하고자 하는 종목의 문제가 맞는지를 확인하여야 합니다.
2. 시험 문제지 총 면수, 문제 번호 순서, 인쇄 상태 등을 확인하고(확인 이후 시험 문제지 교부 불가), 수험번호 및 성명을 답안지에 기재하여야 합니다.
3. 부정 또는 불공정한 방법(시험문제 내용과 관련된 메모지 사용 등)으로 시험을 치른 자는 부정행위자로 처리되어 당해 시험을 중지 또는 무효로 하고, 3년간 국가 기술검정의 응시자격이 정지됩니다.
4. 전자계산기는 허용된 계산기에 한해서만 사용이 가능합니다.
5. 시험 중 전자·통신기기(휴대폰 및 스마트 워치 등)를 지참하거나 사용할 수 없습니다.
6. 문제 및 답안(지), 채점기준은 관계법령(공공기관의 정보공개에 관한 법률 제9조(비공개대상정보) 1항 5호)에 의해 공개하지 않습니다.
7. 복합형 시험의 경우 시험의 전 과정(필답형, 작업형)을 응시하지 않은 경우 채점 대상에서 제외합니다.
8. 국가기술자격 시험문제는 일부 또는 전부가 저작권법상 보호되는 저작물이고, 저작권자는 한국산업인력 공단입니다. 문제의 일부 또는 전부를 무단 복제, 배포, 출판, 전자출판하는 등 저작권을 침해하는 일체의 행위를 금합니다.
9. 국가기술자격증 신청·발급은 온라인으로만 가능합니다.(공단 방문 신청·발급 폐지, Q-net 공지사항 및 수험표 참조)

채점사항

1. 수험자 인적사항 및 답안 작성은 반드시 검은색 필기구만 사용하여야 하며, 그 외 연필류, 유색 필기구, 지워지는 펜 등을 사용한 답안은 채점하지 않으며 0점 처리됩니다.
2. 답란에는 문제와 관련 없는 불필요한 낙서나 특이한 기록사항 등을 기재하여서는 안 되며, 답안지의 인적사항 기재란 외의 부분에 답안과 관련 없는 특수한 표시를 하거나 특정인임을 암시하는 경우 답안지 전체를 0점 처리합니다.
3. 계산문제는 반드시 「계산과정」과 「답」란에 기재하여야 하며, 「계산과정」과 「답」이 모두 맞아야 정답으로 인정됩니다.
4. 계산문제는 최종 결괏값(답)에서 소수 셋째 자리에서 반올림하여 둘째 자리까지 구하여야 하나 개별 문제에서 소수 처리에 대한 요구사항이 있을 경우 그 요구사항에 따라야 합니다.
5. 답에 단위가 없으면 오답으로 처리됩니다. (단, 문제의 요구사항에 단위가 주어졌을 경우는 생략되어도 무방합니다)
6. 문제에서 요구한 가지 수(항수) 이상을 답란에 표기한 경우에는 답란기재 순으로 요구한 가지 수(항수)만 채점하고 한 항에 여러 가지를 기재하더라도 한 가지로 보며 그중 정답과 오답이 함께 기재되어 있을 경우 오답으로 처리됩니다.
7. 답안 정정 시에는 정정하고자 하는 단어에 두 줄 (=)을 긋고 다시 작성하거나 수정테이프(수정액 제외)를 사용하여 정정하시기 바랍니다.

※ 수험자 유의사항 미준수로 인한 채점상의 불이익은 수험자 본인에게 책임이 있습니다.

〈국가기술자격 부정행위 예방 캠페인 : "부정행위, 묵인하면 계속됩니다."〉

1. 아래의 그림과 조건을 참조하여 다음 물음에 답하시오.

득점	배점
	5

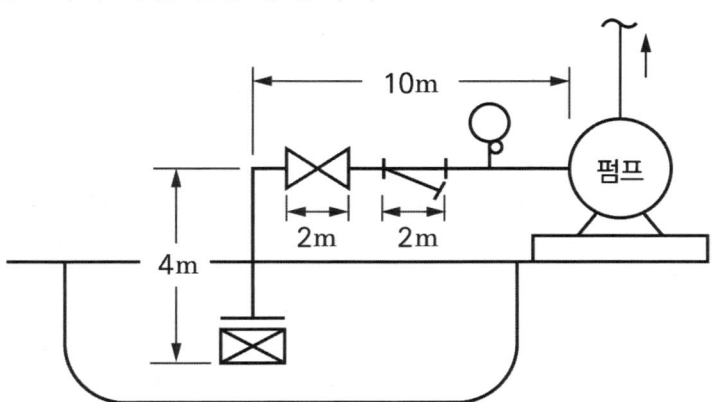

[조건]
① 흡입 측 배관의 관부속품에 따른 상당길이는 15 [m]이다.
② 대기압은 10.3 [m]이며, 물의 포화수증기압은 0.2 [m]이다.
③ 펌프의 유량 144 [m³/h]이고, 흡입배관의 구경은 125 [mm]이다.
④ 배관의 마찰손실수두는 다음의 공식을 따라 계산하며, 속도수두는 무시한다.

$$\triangle H = 6 \times 10^6 \times \frac{Q^2}{120^2 \times d^5} \times L$$

여기서, $\triangle H$: 배관의 마찰손실수두 [m]
Q : 배관 내의 유량 [L/min]
d : 관의 내경 [mm]
L : 배관의 길이 [m]

(1) 조건에 주어진 공식을 이용하여 흡입배관의 마찰손실수두 [m]를 구하시오.

계산 :

답 :

(2) 유효흡입양정 [m]을 구하시오.

계산 :

답 :

-- 연 습 란 --

※ 다음 여백은 계산 연습란으로 사용하십시오.

(3) 펌프의 필요흡입수두가 4 [m]인 경우 펌프의 사용 가능 여부를 판정하시오.
답 :

(4) 공동현상 방지대책에 대해 2가지만 쓰시오.
①

②

2. 폐쇄형 헤드를 사용한 스프링클러설비의 도면이다. 스프링클러헤드가 모두 개방되었을 때 다음 각 물음에 답하시오. (단, 주어진 조건을 적용하여 계산하고, 설비 도면의 길이단위는 [mm]이다)

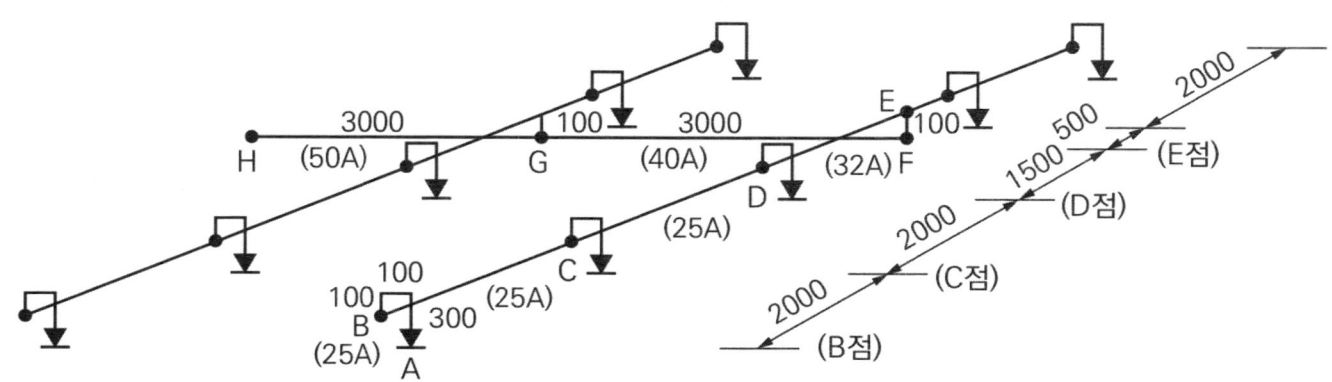

[조건]
① 급수관 중 H점에서의 가압수 압력은 0.35 [MPa]로 계산한다.
② 엘보는 배관지름과 동일한 지름의 엘보를 사용하고, 티의 크기는 다음 표와 같이 사용한다. 그리고 관경 축소는 오직 레듀셔만을 사용한다.

지점	C지점	D지점	E지점	G지점
티의 크기	25 [A]	32 [A]	40 [A]	50 [A]

③ 스프링클러헤드는 15 [A]용 헤드가 설치된 것으로 한다.

------ 연 습 란 ------
※ 다음 여백은 계산 연습란으로 사용하십시오.

④ 직관의 100 [m]당 마찰손실수두는 다음과 같다. (단, A점에서의 헤드 방수량을 80 [L/min]으로 계산한다)

(단위 : [m])

헤드개수	유량	25 [A]	32 [A]	40 [A]	50 [A]
1	80 [L/min]	30.45	8.32	4.03	1.22
2	160 [L/min]	109.76	30.00	14.53	4.38
3	240 [L/min]	232.39	63.53	30.76	9.28
4	320 [L/min]	395.69	108.17	52.38	15.79
5	400 [L/min]	597.92	163.45	79.15	23.87
6	480 [L/min]	837.76	229.01	110.90	33.44
7	560 [L/min]	-	304.59	147.50	44.47
8	640 [L/min]	-	389.94	188.83	56.94
9	720 [L/min]	-	484.88	234.80	70.80
10	800 [L/min]	-	589.22	285.33	86.04

⑤ 관이음쇠의 마찰손실에 해당되는 직관길이(등가길이)는 다음과 같다.

(단위 : [m])

구분	25 [A]	32 [A]	40 [A]	50 [A]
엘보(90°)	0.90	1.20	1.50	2.10
레듀셔	0.54 (25 [A]×15 [A])	0.72 (32 [A]×25 [A])	0.90 (40 [A]×32 [A])	1.20 (50 [A]×40 [A])
티(직류)	0.27	0.36	0.45	0.60
티(분류)	1.50	1.80	2.10	3.00

⑥ 가지배관 말단(B지점)과 교차배관 말단(F지점)은 엘보로 하고, C, D, E, G지점의 티는 모두 분류티로 한다.

⑦ 관경이 변하는 관부속품은 관경이 큰 쪽으로 손실수두를 계산한다.

⑧ 중력가속도는 9.8 [m/s^2]로 한다.

⑨ 구간별 관경은 다음 표와 같다.

구간	관경	구간	관경
A ~ D	25 [A]	E ~ G	40 [A]
D ~ E	32 [A]	G ~ H	50 [A]

--- 연 습 란 ---

※ 다음 여백은 계산 연습란으로 사용하십시오.

(1) A ~ H까지의 배관 마찰손실수두 [m] (단, 직관 및 관이음쇠를 모두 고려하여 구한다)

구간	관경	유량	등가 관장길이 [m]	마찰손실 수두 [m]
G - H	50 [A]	800 [L/min] (헤드 10개)	•계산과정 •답 : ∴ 등가 관장길이 [m] :	•계산과정 : •답 :
E - G	40 [A]	400 [L/min] (헤드 5개)	•계산과정 •답 : ∴ 등가 관장길이 [m] :	•계산과정 : •답 :
D - E	32 [A]	240 [L/min] (헤드 3개)	•계산과정 •답 : ∴ 등가 관장길이 [m] :	•계산과정 •답 :
C - D	25 [A]	160 [L/min] (헤드 2개)	•계산과정 •답 : ∴ 등가 관장길이 [m] :	•계산과정 : •답 :

-- 연 습 란 --

※ 다음 여백은 계산 연습란으로 사용하십시오.

구간	관경	유량	등가 관장길이 [m]	마찰손실 수두 [m]
A - C	25 [A]	80 [L/min] (헤드 1개)	•계산과정 •답 : ∴ 등가 관장길이 [m] :	•계산과정 : •답 :

A ~ H 구간 배관 마찰손실수두 [m]
계산과정 :

답 :
_____

⑵ A에서의 방사압력 [MPa]
계산 :

답 :

--- 연 습 란 ---
※ 다음 여백은 계산 연습란으로 사용하십시오.

3. 다음 그림은 가로 14.4 [m], 세로 12 [m]인 사각형 형태의 지하가에 설치되어 있는 실의 평면도이다. 이곳에 특수가연물을 저장하고자 할 때 실에 설치 가능한 스프링클러헤드의 최소 개수를 구하여라. (단, 헤드의 배치는 다음 그림과 같이 직사각형으로 한다)

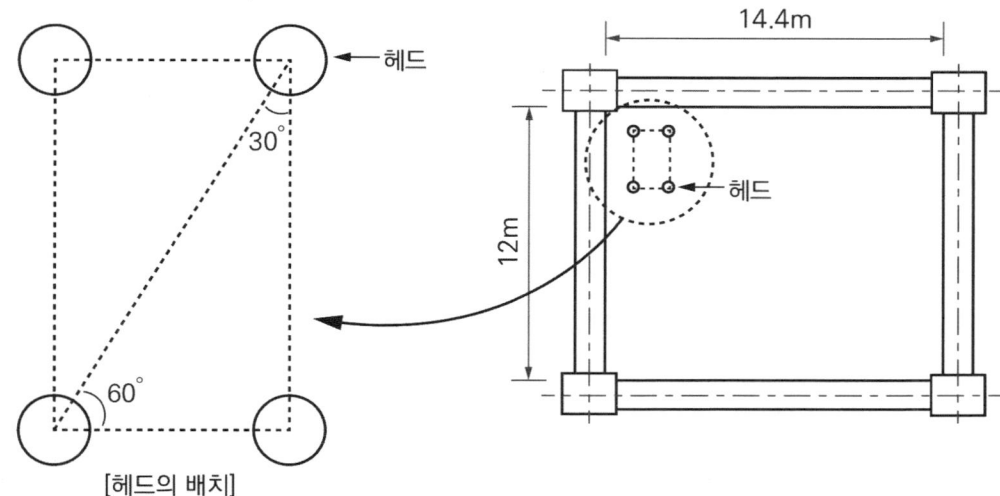

[헤드의 배치]

계산 :

답 :

-- 연 습 란 --
※ 다음 여백은 계산 연습란으로 사용하십시오.

득점	배점
	13

4. 다음 [조건]을 기준으로 이산화탄소소화설비에 대한 물음에 답하시오.

[조건]

① 특정소방대상물의 천장까지의 높이는 3 [m]이고, 방호구역의 크기와 용도는 다음과 같다.

통신기기실	전자제품창고
가로 12 [m] × 세로 10 [m]	가로 20 [m] × 세로 10 [m]
개구부 1 [m] × 2 [m]	개구부 2 [m] × 2 [m]
(자동폐쇄장치 설치)	(자동폐쇄장치 미설치)

위험물저장창고
가로 32 [m] × 세로 10 [m]
개구부 1 [m] × 2 [m]
(자동폐쇄장치 설치)

② 소화약제는 고압저장방식으로 하고, 약제용기 1병당 충전량은 45 [kg]이다.

③ 통신기기실과 전자제품창고는 전역방출방식으로 설치하고 위험물 저장창고에는 국소방출방식으로 설치한다.

④ 개구부 가산량은 10 [kg/m²], 사용하는 CO_2는 순도 99.5 [%], 헤드의 방출률은 1.3 [kg/mm²·min·개]이다.

⑤ 위험물 저장창고에는 가로, 세로가 각각 5 [m], 높이가 2 [m]인 개방된 용기가 있고, 이 안에 제 4류 위험물을 저장한다.

⑥ 주어진 조건 외의 것은 소방관련 법규 및 화재안전기술기준에 따른다.

(1) 각 방호구역에 필요한 최소 약제량은 몇 [kg] 이상인가?

① 통신기기실
계산 :

답 :

② 전자제품창고
계산 :

답 :

-- 연 습 란 --

※ 다음 여백은 계산 연습란으로 사용하십시오.

③ 위험물저장창고
　계산 :

답 :

(2) 각 방호구역별 약제저장용기는 최소 몇 병인가?
① 통신기기실
　계산 :

답 :

② 전자제품창고
　계산 :

답 :

③ 위험물저장창고
　계산 :

답 :

(3) 통신기기실 헤드의 방출압력은 몇 [MPa] 이상이어야 하는가?
　답 :

-- 연 습 란 --
※ 다음 여백은 계산 연습란으로 사용하십시오.

⑷ 전역방출방식에서 이산화탄소 소화약제의 소요량은 아래 기준에 따른 시간 내에 방출될 수 있어야 한다. 다음 괄호 안을 채우시오.

	표면화재	심부화재
방출시간	(①) 이내	(②) 이내 〈이 경우 설계농도가 2분 이내에 30 [%]에 도달해야 한다〉

⑸ 통신기기실의 헤드 수를 14개로 할 때 헤드의 분구면적 [mm²]을 구하시오. (단, 설계농도 30 [%]에 도달해야 하는 시간은 고려하지 않는다)

계산 :

답 :

⑹ 약제저장용기는 몇 [MPa] 이상의 내압시험압력에 합격한 것으로 하여야 하는가?

답 :

⑺ 전자제품창고에 저장된 약제가 모두 분사되었을 때 이산화탄소의 체적은 몇 [m³]이 되는가?(단, 전자제품창고의 실 온도는 25 [℃]이다)

계산 :

답 :

⑻ 소화설비용으로 강관을 사용할 때의 배관 기준에 대해 아래 괄호를 채우시오.

강관을 사용하는 경우의 배관은 압력배관용 탄소강관(KS D 3562) 중 스케줄 (①   ) 이상의 것 또는 이와 동등 이상의 강도를 가진 것으로 (②   ) 등으로 방식 처리된 것을 사용할 것. 다만 배관의 호칭구경이 20 [mm] 이하인 경우에는 스케줄 40 이상인 것을 사용할 수 있다.

--- 연 습 란 ---

※ 다음 여백은 계산 연습란으로 사용하십시오.

5. 특수가연물을 저장하는 창고에 포소화설비를 설치하고자 한다. 다음 [조건]을 참조하여 각 물음에 답하시오.

[조건]
① 특수가연물 저장 창고의 바닥면적 200 [m^2]이다.
② 포워터스프링클러헤드를 설치한다.
③ 포원액은 3 [%] 수성막포를 사용한다.
④ 펌프의 전양정은 35 [m], 효율은 65 [%], 여유율은 10 [%]이다.

(1) 포워터스프링클러의 설치개수를 구하시오.
    계산 :

    답 :

(2) 수원의 저수량은 몇 [m^3] 이상으로 하여야 하는가?
    계산 :

    답 :

(3) 포원액의 최소소요량 [L]을 구하시오.
    계산 :

    답 :

(4) 펌프의 토출량 [L/min]을 구하시오.
    계산 :

    답 :

------ 연 습 란 ------

※ 다음 여백은 계산 연습란으로 사용하십시오.

⑤ 전동기의 출력은 몇 [kW]인가?

계산 :

답 :

6. 다음은 연결송수관설비에 관한 설명이다. 다음 물음에 답하시오.

득점	배점
	10

⑴ 연결송수관설비의 가압송수장치를 설치하는 경우 지표면에서 최상층 방수구까지 높이가 몇 [m] 이상
일 때인지를 쓰고, 가압송수장치를 설치하는 이유를 설명하시오.

높이 :

설치 이유 :

⑵ 연결송수관설비 방수구가 6개 설치된 경우 펌프 토출량 [L/min]을 구하라. (단, 계단실 아파트가 아
니다)

답 :

⑶ 연결송수관설비 방수구가 2개 설치된 경우 펌프 토출량 [L/min]을 구하라. (단, 계단실 아파트이다)

답 :

⑷ 소방펌프의 흡입 측에 연성계 또는 진공계를 설치하지 아니할 수 있는 2가지를 쓰시오.

①

②

⑸ 최상층 노즐선단의 방수압력 [MPa]은 얼마 이상인가?

답 :

-- 연 습 란 --

※ 다음 여백은 계산 연습란으로 사용하십시오.

(6) 11층 이상의 부분에 설치하는 방수구는 쌍구형으로 해야 한다. 다만 다음 어느 하나에 해당하는 층은 단구형으로 설치할 수 있다. 화재안전기술기준에 따라 아래 괄호를 채우시오.

(1) (①   )의 용도로 사용되는 층
(2) (②   )가 유효하게 설치되어 있고, 방수구가 (③   )개소 이상 설치된 층

---

7. 다음과 같이 무도회장에 제연설비를 설치하려고 한다. 제연설비의 화재안전기술기준에 따라 다음 물음에 답하시오.

[조건]
① 무도회장은 벽으로 구획되어 있으며, 가로변의 길이는 28 [m], 세로변의 길이는 32 [m]이다.
② 제연방식은 단독제연방식을 적용하며, 배출구는 정방형으로 배치한다.
③ 그 외 조건은 화재안전기술기준에 따른다.

(1) 무도회장의 최소 배출량 [m³/hr]을 구하시오.
  계산 :

  답 :

(2) 배출구의 최소 설치 수량을 구하시오.
  계산 :

  답 :

(3) 배출구 1개당 설계 배출량 [m³/hr]를 구하시오.
  계산 :

  답 :

-- 연 습 란 --
※ 다음 여백은 계산 연습란으로 사용하십시오.

⑷ 제연설비의 성능확인을 위해 시험 등(시험·측정 및 조정)의 평가를 할 때 배출구별 배출량 [m³/hr]
은 얼마 이상이어야 하며, 해당 제연구역 배출구의 배출량 합계 [m³/hr]는 얼마 이상이어야 하는지
구하시오.

① 배출구별 배출량 [m³/hr]

계산 :

답 :

② 해당 제연구역 배출구의 배출량 합계 [m³/hr]

답 :

8. 다음의 [표]를 참조하여 화재안전기술기준에 따라 할로겐화합물 및 불활성기체 소화설비를 설치하려
고 할 때 다음을 구하시오.

득점	배점
	6

〈압력배관용 탄소강관 SPPS 380[KS D 3562(Sch 40)]의 규격〉

호칭지름 [A]	DN25	DN32	DN40	DN50	DN65	DN100
바깥지름 [mm]	34.3	42.7	48.6	60.5	76.3	114.3
관두께 [mm]	3.4	3.6	3.7	3.9	5.2	6.0

⑴ 호칭지름이 50 [A]인 압력배관용 탄소강관(Sch 40)에 분사헤드가 접속되어 있다. 이때 분사헤드 오리
피스의 최대 구경 [mm]을 구하시오.

계산 :

답 :

⑵ 호칭구경이 65 [A]인 압력배관용 탄소강관(Sch 40)을 사용하여 용접이음으로 배관을 접합할 경우 배
관에 적용할 수 있는 최대허용압력 [MPa]을 구하시오. (단, 인장강도는 380 [MPa], 항복점은 220
[MPa]이며, 이 배관에 전기저항용접을 함에 따라 배관이음효율은 0.85이다)

계산 :

답 :

-- 연 습 란 --

※ 다음 여백은 계산 연습란으로 사용하십시오.

9. 포소화설비에 대한 다음 각 물음에 답하시오.
   (1) 포소화설비에서 포소화약제의 혼합방식을 5가지 쓰시오.
      ①
      ②
      ③
      ④
      ⑤

   (2) 포소화설비의 배관에 설치하는 배액밸브의 설치목적과 설치위치를 쓰시오.
      ① 배액밸브의 설치목적 :

      ② 배액밸브의 설치위치 :

10. 6층인 건축물에 압력수조를 가압송수장치로 하는 옥내소화전설비가 설치되어 있다. 압력수조와 최상층 방수구까지의 수직높이는 24 [m]이고, 압력수조 체적의 2/3가 물로 채워져 있을 때 수조 내 요구되는 공기의 압력(게이지 압력) [MPa]을 계산하시오. (단, 압력수조의 체적은 90 [m³]이고, 대기압은 0.1 [MPa]을 적용하며, 배관의 마찰손실 0.02 [MPa]이다. 최상층 방수구의 방수 압력은 화재안전기술기준에 의한 최소 방수압으로 한다)
   계산 :

   답 :

------------------------------------- 연 습 란 -------------------------------------
※ 다음 여백은 계산 연습란으로 사용하십시오.

득점	배점
	5

11. 특별피난계단의 계단실 및 부속실 제연설비에 대한 제연구역과 옥내와의 차압 [Pa]을 다음 [조건]을 참조하여 계산하시오.

[조건]
① 제연설비가 가동되었을 때 실제 출입문 개방에 필요한 힘을 측정하여보니 100 [N]이었다.
② 출입문의 폭(W)은 0.9 [m], 높이(H)는 2.1 [m]이다.
③ 자동폐쇄장치 및 경첩에 의해 폐쇄되는 힘은 30 [N]이다.
④ 문의 손잡이와 문의 끝까지(모서리까지)의 거리는 0.1 [m]이다.
⑤ 상기 조건 외의 기타 조건은 고려하지 않는다.

계산 :

답 :

득점	배점
	3

12. 다음의 [조건]을 참조하여 제연설비의 배출기의 (1) 배출량(풍량) [m³/hr], (2) 전압 [mmAq], (3) 전동기의 최소동력 [kW]을 구하시오.

[조건]
① 거실 바닥면적은 390 [m²]이다.
② Duct의 길이는 160 [m]이고, Duct저항은 0.8 [mmAq/m]이다.
③ 배출구 저항은 10 [mmAq], 그릴저항은 5 [mmAq], 관부속류는 Duct 저항의 40 [%]로 한다.
④ 효율 [E]은 60 [%]로 하고, 전동기 전달계수 K = 1.1이다.

(1) 배출량(풍량) [m³/hr]

계산 :

답 :

-- 연 습 란 --

※ 다음 여백은 계산 연습란으로 사용하십시오.

(2) 전압 [mmAq]

계산 :

답 :

(3) 전동기의 최소동력 [kW]

계산 :

답 :

13. 할론소화약제에 대한 다음의 물음에 답하시오.

[조건]
① ODP(오존층파괴지수)가 할론 소화약제 중 가장 높다.
② 독성이 할론 소화약제 중 가장 낮다.
③ 열분해 시 미량의 독성물질이 발생되나, 인체에 대한 안전성은 매우 높은 편이다.

(1) 조건을 참고하여 해당하는 할론소화약제의 명칭을 쓰시오.

답 :

(2) 내용적이 68 [L]인 약제저장용기에 조건의 할론소화약제를 저장하려고 한다. 이때 한 병당 저장할 수 있는 약제의 최대 저장량은 몇 [kg]인가?

계산 :

답 :

(3) 체적이 900 [m³]인 전기실에 전역방출방식으로 할론소화설비를 설치하려고 한다. (1), (2)를 참고하여 저장용기실에 보관할 최소 용기 수를 구하시오. (단, 개구부는 무시한다)

계산 :

답 :

14. 다음은 어느 수계소화설비의 기동용수압개폐장치(압력챔버)에 설치되어 있는 펌프의 압력스위치이다. RANGE의 눈금이 2 [MPa]을 가리키며, DIFF의 눈금이 0.3 [MPa]을 가리킬 때, 다음 물음에 답하시오.

득점	배점
	4

(1) 펌프의 기동압력 [MPa]

답 :

(2) 펌프의 기동정지압력 [MPa]

답 :

-- 연 습 란 --

※ 다음 여백은 계산 연습란으로 사용하십시오.

15. 안지름이 각각 300 [mm]와 450 [mm]의 원관이 직접 연결되어 있을 때 안지름이 작은 관에서 큰 관 방향으로 매초 230 [L]의 물이 흐르고 있을 때 돌연 확대 부분에서의 손실수두 [m]는 얼마인가?

계산 :

답 :

16. 다음 표는 분말소화설비에 관한 사항이다. 빈칸에 알맞은 답을 쓰시오.

종별	주성분	기타사항		
제1종 분말 소화약제	(①)	안전밸브 작동압력	가압식	최고사용압력의 (⑤)배 이하
제2종 분말 소화약제	(②)		축압식	용기의 내압시험압력의 (⑥)배 이하
제3종 분말 소화약제	(③)	저장용기 충전비	(⑦) 이상	
제4종 분말 소화약제	(④)	가압용 가스 용기를 3병 이상 설치한 경우 전자개방밸브를 부착해야 하는 최소 용기 수	(⑧) 병	

---- 연 습 란 ----

※ 다음 여백은 계산 연습란으로 사용하십시오.

펴 o 으 o

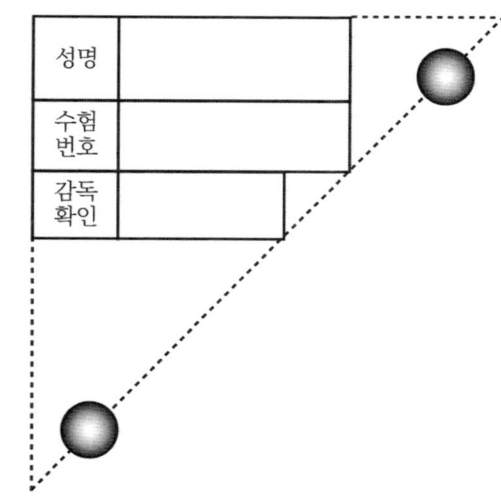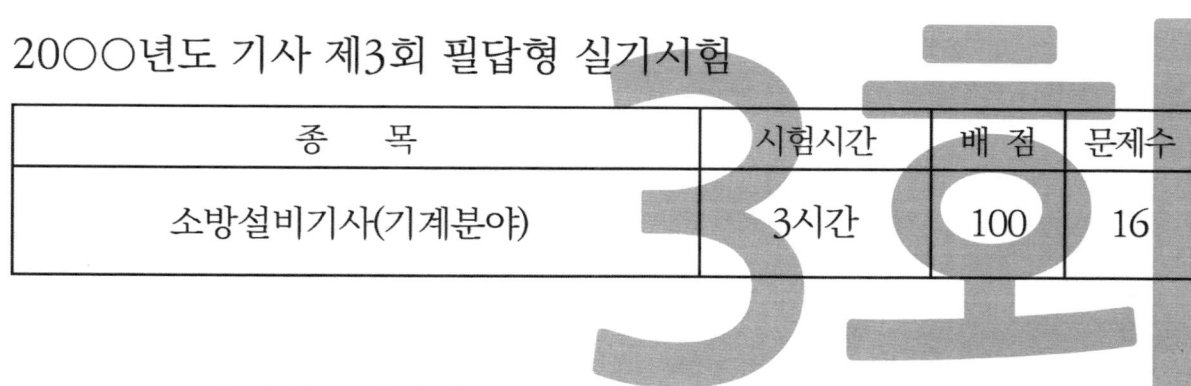

국가기술자격 실기시험 문제 및 답안지

20○○년도 기사 제3회 필답형 실기시험

종 목	시험시간	배 점	문제수
소방설비기사(기계분야)	3시간	100	16

* * 수험자 유의사항 * *

일반사항

1. 시험 문제를 받는 즉시 응시하고자 하는 종목의 문제가 맞는지를 확인하여야 합니다.
2. 시험 문제지 총 면수, 문제 번호 순서, 인쇄 상태 등을 확인하고(확인 이후 시험 문제지 교부 불가), 수험번호 및 성명을 답안지에 기재하여야 합니다.
3. 부정 또는 불공정한 방법(시험문제 내용과 관련된 메모지 사용 등)으로 시험을 치른 자는 부정행위자로 처리되어 당해 시험을 중지 또는 무효로 하고, 3년간 국가 기술검정의 응시자격이 정지됩니다.
4. 전자계산기는 허용된 계산기에 한해서만 사용이 가능합니다.
5. 시험 중 전자·통신기기(휴대폰 및 스마트 워치 등)를 지참하거나 사용할 수 없습니다.
6. 문제 및 답안(지), 채점기준은 관계법령(공공기관의 정보공개에 관한 법률 제9조(비공개대상정보) 1항 5호)에 의해 공개하지 않습니다.
7. 복합형 시험의 경우 시험의 전 과정(필답형, 작업형)을 응시하지 않은 경우 채점 대상에서 제외합니다.
8. 국가기술자격 시험문제는 일부 또는 전부가 저작권법상 보호되는 저작물이고, 저작권자는 한국산업인력 공단입니다. 문제의 일부 또는 전부를 무단 복제, 배포, 출판, 전자출판하는 등 저작권을 침해하는 일체의 행위를 금합니다.
9. 국가기술자격증 신청·발급은 온라인으로만 가능합니다.(공단 방문 신청·발급 폐지, Q-net 공지사항 및 수험표 참조)

채점사항

1. 수험자 인적사항 및 답안 작성은 반드시 검은색 필기구만 사용하여야 하며, 그 외 연필류, 유색 필기구, 지원지는 펜 등을 사용한 답안은 채점하지 않으며 0점 처리됩니다.
2. 답란에는 문제와 관련 없는 불필요한 낙서나 특이한 기록사항 등을 기재하여서는 안 되며, 답안지의 인적사항 기재란 외의 부분에 답안과 관련 없는 특수한 표시를 하거나 특정인임을 암시하는 경우 답안지 전체를 0점 처리합니다.
3. 계산문제는 반드시 「계산과정」과 「답」란에 기재하여야 하며, 「계산과정」과 「답」이 모두 맞아야 정답으로 인정됩니다.
4. 계산문제는 최종 결괏값(답)에서 소수 셋째 자리에서 반올림하여 둘째 자리까지 구하여야 하나 개별 문제에서 소수 처리에 대한 요구사항이 있을 경우 그 요구사항에 따라야 합니다.
5. 답에 단위가 없으면 오답으로 처리됩니다. (단, 문제의 요구사항에 단위가 주어졌을 경우는 생략되어도 무방합니다)
6. 문제에서 요구한 가지 수(항수) 이상을 답란에 표기한 경우에는 답란기재 순으로 요구한 가지 수(항수)만 채점하고 한 항에 여러 가지를 기재하더라도 한 가지로 보며 그중 정답과 오답이 함께 기재되어 있을 경우 오답으로 처리됩니다.
7. 답안 정정 시에는 정정하고자 하는 단어에 두 줄 (=)을 긋고 다시 작성하거나 수정테이프(수정액 제외)를 사용하여 정정하시기 바랍니다.

※ 수험자 유의사항 미준수로 인한 채점상의 불이익은 수험자 본인에게 책임이 있습니다.

〈국가기술자격 부정행위 예방 캠페인 : "부정행위, 묵인하면 계속됩니다."〉

득점	배점
	6

1. 가로 40 [m], 세로 30 [m], 높이 12 [m]의 항공기 격납고에 조건과 같이 포소화설비를 설치하고자 한다. 다음 물음에 답하시오.

[조건]
① 격납고의 주요구조부가 내화구조이고, 벽 및 천장의 실내에 면하는 부분은 불연재료이다.
② 항공기의 격납 위치가 가로 20 [m], 세로 30 [m]로 한정되어 있고, 항공기 격납 위치에는 포헤드를 설치하며 그 한정된 장소 외의 부분에는 호스릴포소화설비를 설치한다.
③ 포헤드의 배치와 호스접결구(호스릴포소화설비)의 배치는 정방형으로 한다.
④ 포원액은 3 [%] 합성계면활성제포를 사용한다.

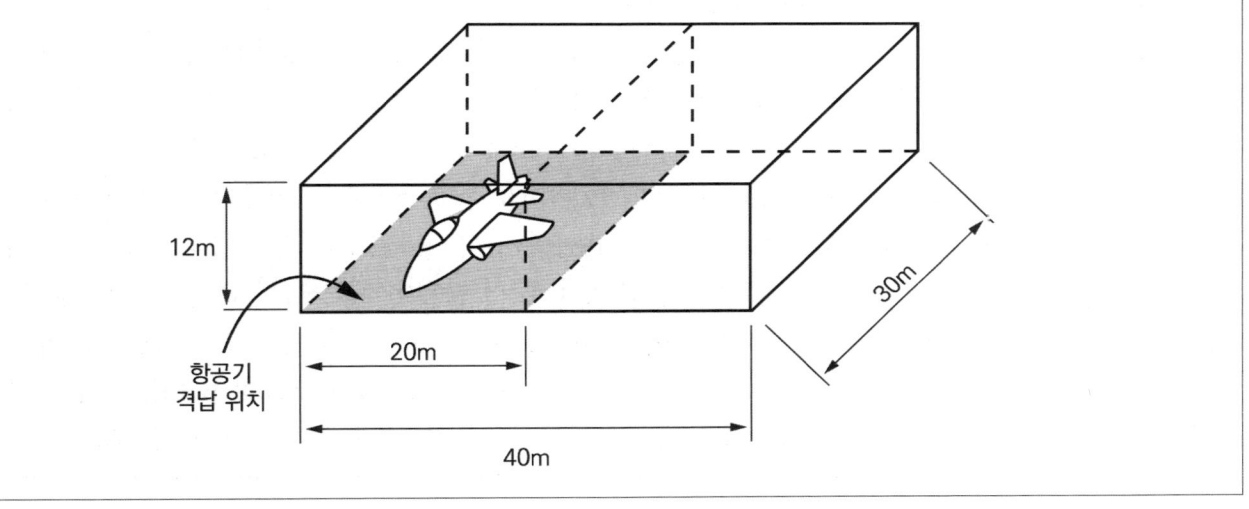

(1) 헤드를 정방형으로 배치할 때 포헤드의 설치개수를 구하시오.

계산 :

답 :

(2) 항공기 격납 위치 외의 부분에 설치하는 호스릴포소화설비의 최소 설치 수량을 구하시오.

계산 :

답 :

(3) 포원액의 최소소요량 [L]을 구하시오.

계산 :

답 :

--- 연 습 란 ---
※ 다음 여백은 계산 연습란으로 사용하십시오.

2. 그림과 같이 바닥면이 자갈로 되어 있는 절연유 봉입 변압기에 물분무소화설비를 설치하고자 한다. 물분무소화설비의 화재안전기술기준을 참고하여 다음 각 물음에 답하시오.

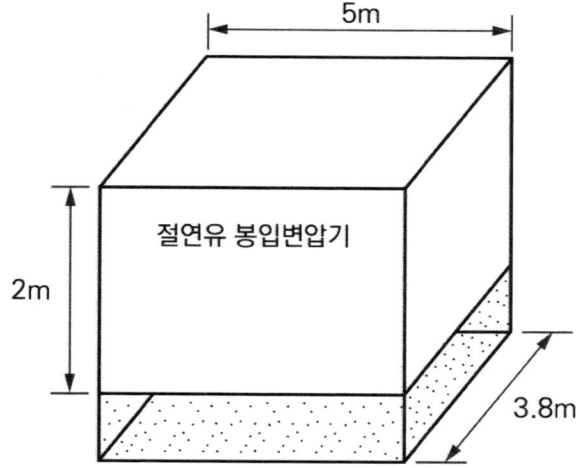

(1) 소화 펌프의 최소 토출량 [m³/min]을 구하시오.

계산 :

답 :

(2) 최소 수원의 양 [L]을 구하시오.

계산 :

답 :

------------------------------------- 연 습 란 -------------------------------------

※ 다음 여백은 계산 연습란으로 사용하십시오.

3. 다음 조건을 기준으로 이산화탄소 소화설비에 대한 물음에 답하시오.

득점	배점
	12

[조건]

① 이산화탄소소화설비는 전역방출방식으로 하며, 설치장소는 케이블실, 박물관, 일산화탄소 저장창고이다.

② 각 실의 체적은 다음과 같다.
  • 케이블실의 체적 : 500 [m³]
  • 박물관의 체적 : 280 [m³]
  • 일산화탄소 저장창고 체적 : 32 [m³] (단, 보정계수는 2.5를 적용한다)

③ 케이블실과 박물관에는 가로 1 [m]×세로 2 [m]의 개구부가 각각 2개씩 설치되어 있고, 일산화탄소 저장창고에는 가로 2 [m]×세로 3 [m]의 개구부가 2개 설치되어 있으며, 모두 자동폐쇄장치가 설치되어 있다.

④ 이산화탄소 저장용기의 내용적은 68 [L], 충전비는 1.6으로 동일한 충전비이다.

(1) **각 실에 필요한 최소 약제량 [kg]을 구하시오.**

  ① 케이블실에 필요한 최소 약제량 [kg]
   계산 :

   답 :

  ② 박물관에 필요한 최소 약제량 [kg]
   계산 :

   답 :

  ③ 일산화탄소 저장창고에 필요한 최소 약제량 [kg]
   계산 :

   답 :

-- 연 습 란 --

※ 다음 여백은 계산 연습란으로 사용하십시오.

(2) 이산화탄소 저장용기 한 병당 약제 저장량 [kg]을 구하시오.
　계산 :

　답 :

(3) 각 실에 필요한 이산화탄소 저장용기 수와 저장용기실의 최소 저장용기 수를 구하시오.
　① 케이블실에 필요한 저장용기 수
　　계산 :

　　답 :

　② 박물관에 필요한 저장용기 수
　　계산 :

　　답 :

　③ 일산화탄소 저장창고에 필요한 저장용기 수
　　계산 :

　　답 :

　④ 저장용기실에 설치할 저장용기 수
　　답 :

--- 연 습 란 ---
※ 다음 여백은 계산 연습란으로 사용하십시오.

⑷ 방호구역 내에 이산화탄소 소화약제가 방출되는 경우 부취발생기를 설치해야 한다. 화재안전기술기준
에 따라 아래 [보기]에서 알맞은 말을 괄호 안에 쓰시오.

[보기]
방호구역 내, 방호구역 외, 소화약제 저장용기실 내,
소화약제 저장용기 실외, 1차 측, 2차 측, 방출 전, 방출 후

방호구역 내에 이산화탄소 소화약제가 방출되는 경우 후각을 통해 이를 인지할 수 있도록 부취발생기를 다음의 어느 하나에 해당하는 방식으로 설치해야 한다.
 1. 부취발생기를 (①   )의 소화배관에 설치하여 소화약제의 방출에 따라 부취제
    가 혼합되도록 하는 방식
    ⑴ (①   )의 소화배관에 설치할 것
    ⑵ 점검 및 관리가 쉬운 위치에 설치할 것
    ⑶ 방호구역별로 선택밸브 직후 (②   ) 배관에 설치할 것. 다만 선택밸브가 없는 경우에는
      집합배관에 설치할 수 있다.
 2. (③   )에 부취발생기를 설치하여 이산화탄소소화설비의 기동에 따라 소화약제
   (④   )에 부취제가 방출되도록 하는 방식

-- 연 습 란 --

※ 다음 여백은 계산 연습란으로 사용하십시오.

4. 다음은 어느 실들의 평면도이다. 이 중 A실을 급기가압하고자 할 때 주어진 [조건]을 이용하여 다음을 구하시오.

득점	배점
	8

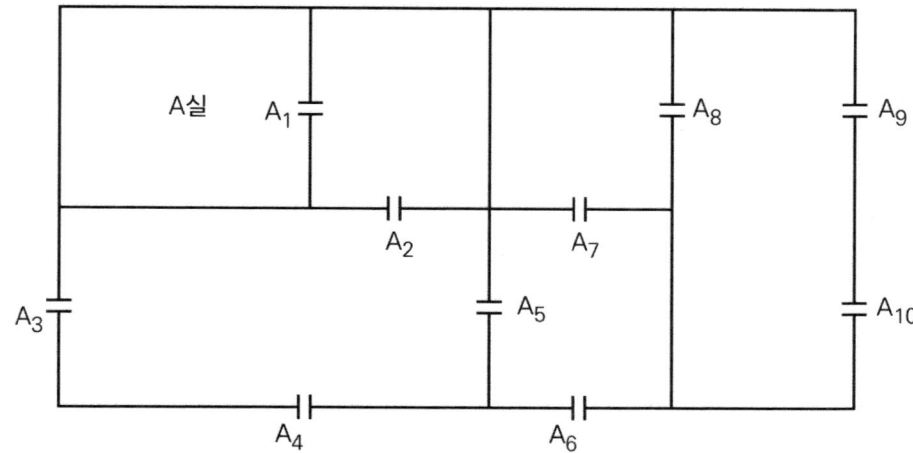

[조건]
① 실 외부대기의 기압은 101.3 [kPa]로서 일정하다.
② A실에 유지하고자 하는 기압은 101.5 [kPa]이다.
③ 각 실의 문들의 틈새면적은 100 [cm²]이다.
④ 어느 실을 급기가압할 때 그 실의 문 틈새를 통하여 누출되는 공기의 양은 다음의 식에 따른다.

$$Q = 0.827 \times A \times \sqrt{P}$$

여기서, Q : 누출되는 공기의 양 [m³/s], A : 문의 전체 누설틈새면적 [m²],
P : 문을 경계로 한 기압차 [Pa]

(1) A실을 급기가압할 때 전체 누설틈새면적 합계 [m²]를 구하시오. (단, 소수점 아래 여섯째 자리에서 반올림하여 소수점 아래 다섯째 자리까지 나타내시오)

계산 :

답 :

(2) A실에 유입해야 할 풍량 [m³/s]을 구하시오.

계산 :

답 :

(3) 특별피난계단의 부속실을 제연할 때, 화재안전기술기준에 따른 급기풍도의 기준에 대해 빈칸을 채우시오.

급기풍도(이하 "풍도"라 한다)의 설치는 다음의 기준에 적합해야 한다.

1. 수직풍도 이외의 풍도로서 금속판으로 설치하는 풍도는 다음의 기준에 적합할 것

   (1) 풍도는 (①   ) 또는 이와 동등 이상의 내식성·내열성이 있는 것으로 하며, 「건축법 시행령」 제2조에 따른 (②   )(석면재료를 제외한다)인 단열재로 풍도의부에 유효한 단열 처리를 하고, 강판의 두께는 풍도의 크기에 따라 다음 표에 따른 기준 이상으로 할 것. 다만 방화구획이 되는 전용실에 급기송풍기와 연결되는 풍도는 단열이 필요 없다.

   [풍도의 크기에 따른 강판의 두께]

풍도단면의 긴 변 또는 직경의 크기	450 [mm] 이하	450 [mm] 초과 750 [mm] 이하	750 [mm] 초과 1500 [mm] 이하	1500 [mm] 초과 2250 [mm] 이하	2250 [mm] 초과
강판 두께	0.5 [mm]	0.6 [mm]	0.8 [mm]	1.0 [mm]	1.2 [mm]

   (2) 풍도에서의 누설량은 급기량의 (③   ) %를 초과하지 않을 것

2. 풍도는 정기적으로 풍도 내부를 청소할 수 있는 구조로 할 것
3. 풍도 내의 풍속은 (④   ) m/s 이하로 할 것

--- 연 습 란 ---

※ 다음 여백은 계산 연습란으로 사용하십시오.

5. 경유를 저장하는 위험물 옥외저장탱크의 높이가 8 [m], 직경 10 [m]인 콘루프탱크(Cone Roof Tank)에 Ⅱ형 포 방출구 및 옥외 보조포소화전 2개가 설치되어 있다. 조건을 참고하여 다음 각 물음에 답하시오.

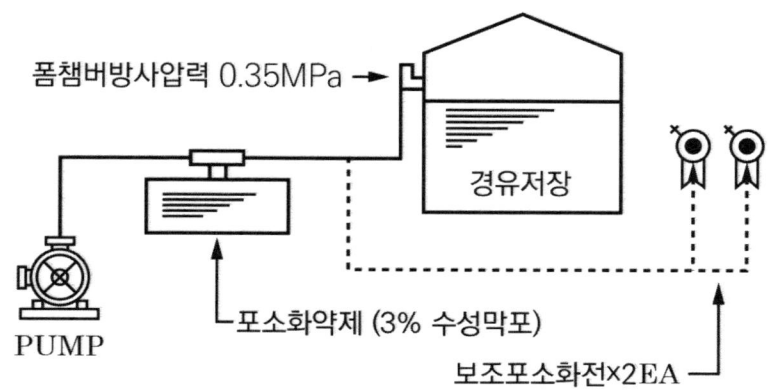

[조건]
① 배관의 마찰손실수두는 50 [m]이다.
② 송액관에 충전하기 위하여 필요한 양은 무시한다.
③ 방출구의 압력은 0.35 [MPa]이다. (보조포 소화전의 압력수두는 무시)
④ 펌프의 효율은 65 [%](전동기와 펌프 직결 방식), 전달계수 K = 1.1이다.

포방출구의 종류·방출량 및 방출시간 / 위험물의 종류	Ⅰ형 방출량 [$L/m^2 \cdot 분$]	Ⅰ형 방출시간 [분]	Ⅱ형 방출량 [$L/m^2 \cdot 분$]	Ⅱ형 방출시간 [분]	특형 방출량 [$L/m^2 \cdot 분$]	특형 방출시간 [분]
제4류 위험물(수용성의 것을 제외) 중 인화점이 21 [℃] 미만인 것	4	30	4	55	8	30
제4류 위험물(수용성의 것을 제외) 중 인화점이 21 [℃] 이상 70 [℃] 미만인 것	4	20	4	30	8	20
제4류 위험물(수용성의 것을 제외) 중 인화점이 70 [℃] 이상인 것	4	15	4	25	8	15
제4류 위험물 중 수용성의 것	8	20	8	30	-	-

(1) 포약제저장탱크에 필요한 최소 포원액량 [L]을 구하시오.
계산 :

답 :

⑵ 보조포소화전에 필요한 약제량 [L]을 구하시오.

계산 :

답 :

⑶ 경유저장탱크에 필요한 포 약제량 [L]을 구하시오.

계산 :

답 :

⑷ 펌프 소요동력 [kW]을 구하시오.

계산 :

답 :

-- 연 습 란 --

※ 다음 여백은 계산 연습란으로 사용하십시오.

6. 다음은 특정소방대상물별 소화기구의 능력단위 기준을 나타내는 표이다.

[보기]
ㄱ. 문화재 ㄴ. 의료시설 ㄷ. 창고 ㄹ. 판매시설

(1) 위 보기의 기호를 알맞은 칸에 쓰시오

특정소방대상물	소화기구의 능력단위
1. ( )	바닥면적 50 [m²]마다 1단위 이상
2. ( )	바닥면적 100 [m²]마다 1단위 이상

(2) 대형소화기의 보행거리 기준은 몇 [m] 이내인가?

답 :

7. 준비작동식 스프링클러설비와 옥외소화전설비를 지하 1층, 지상 31층의 건축물에 설치하였다. [조건]을 참고하여 다음 각 물음에 답하시오.

[조건]
① 스프링클러헤드는 각 층에 200개씩 설치되어 있다.
② 옥외소화전은 3개 설치되어 있다.
③ 각 설비가 설치되어 있는 장소는 방화벽과 방화문으로 구획되어 있지 않고, 저수조, 펌프 및 입상배관은 겸용으로 설치되어 있다.
④ 스프링클러설비의 경우 실양정 환산 압력은 1.25 [MPa], 배관마찰손실은 실양정의 20 [%]를 적용한다.
⑤ 옥외소화전 설비의 경우 실양정 환산 압력은 0.08 [MPa], 배관 및 소방호스의 마찰손실은 실양정의 50 [%]이다.
⑥ 이외의 기타 조건은 화재안전기술기준에 따른다.

(1) 스프링클러설비의 최소 펌프 토출량 [L/min]을 구하시오.

계산 :

답 :

⑵ 옥외소화전의 최소 펌프 토출량 [L/min]을 구하시오.

계산 :

답 :

⑶ 두 설비에 필요한 총 수원의 양 [m³]을 구하시오. (단, 옥상수원은 고려하지 않는다)

계산 :

답 :

⑷ 펌프의 최소 토출압 [MPa]을 구하시오.

계산 :

답 :

8. 다음은 스프링클러설비의 구성요소 중 시험장치에 관한 내용이다. 물음에 답하시오.

득점	배점
	4

⑴ 습식 및 부압식 스프링클러설비의 경우 시험장치의 설치위치를 쓰시오.

답 :

⑵ 건식 스프링클러설비의 경우 시험장치의 설치위치를 쓰시오.

답 :

-- 연 습 란 --

※ 다음 여백은 계산 연습란으로 사용하십시오.

(3) 시험장치 배관 끝 부분에 설치하는 구성요소 2가지를 쓰시오.

①

②

9. 주차장에 포소화설비를 설치하고자 한다. 다음 [조건]을 참조하여 각 물음에 답하시오.

[조건]
① 주차장의 체적은 가로 20 [m], 세로 15 [m], 높이 3 [m]이고, 포헤드를 설치한다.
② 포소화설비는 화재감지용 폐쇄형 스프링클러헤드의 개방과 연동하여 기동시킬 수 있도록 설치한다.
③ 포헤드 개수에 따른 배관의 관경은 다음과 같다.

배관의 구경 [mm]	25	32	40	50	65	80	100	125	150
설치 헤드 개수	1	2	5	8	15	27	55	90	91 이상

(1) 포헤드의 설치개수 [개]

계산 :

답 :

(2) 배관의 구경 [mm]

답 :

―――――――――――――――――――――――――――――― 연 습 란 ――――――――――――――――――――――――――――――

※ 다음 여백은 계산 연습란으로 사용하십시오.

10. 어느 방호대상물에 할로겐화합물 및 불활성기체 소화설비를 설치하고자 한다. [조건]을 참고하여 다음 각 물음에 답하시오.

득점	배점
	4

[조건]
① 방출 헤드 1개의 유량이 초당 29.4 [kg]이다.
② 노즐 방출 압력에서의 방출률은 14.7 [kg/s·cm²]이다.
③ 분사헤드에 접속되는 배관의 구경은 65 [A]이다.
④ 배관의 인장강도는 420 [MPa], 항복점은 250 [MPa]이다.
⑤ 배관이음방법은 이음매 없는 배관으로 나사이음, 홈이음 등의 허용값 [mm]은 무시한다.
⑥ 적용되는 배관의 안지름은 102.3 [mm]이고, 두께는 6.0 [mm]이다.
⑦ 배관의 두께 계산 시 방출헤드 설치부는 제외한다.

(1) 방출헤드의 오리피스 구경 [mm]을 다음 표에서 정하시오.

오리피스 구경 [mm]	10	15	20	25	30	35	40

계산 :

답 :

(2) 배관의 최대 허용압력 [MPa]을 구하시오.

계산 :

답 :

--- 연 습 란 ---

※ 다음 여백은 계산 연습란으로 사용하십시오.

11. 주차장 공간에 분말소화설비를 설치하려고 한다. [조건]을 참고하여 다음 각 물음에 답하시오.

[조건]
① 분말소화설비는 전역방출방식으로 적용하며, 분말소화약제의 가스용기는 가압식으로 한다.
② 소방대상물의 크기는 가로 12 [m], 세로 15 [m], 높이 3.5 [m]이고, 내화구조로 되어 있다.
③ 면적이 6 [m²]인 개구부가 1개 설치되어 있으며 자동폐쇄장치는 설치되어 있지 않다.
④ 소방대상물 중앙에 가로 1 [m], 세로 1 [m], 기둥이 있고, 기둥을 중심으로 가로, 세로 보가 교차되어 있으며, 이때 보는 천장으로부터 0.6 [m], 너비 0.4 [m] 크기이다. (보와 기둥은 내열성 재료이다)
⑤ 방호구역 내에 내화구조 또는 내열성 재료가 설치된 경우 방호구역의 체적에서 이를 제외하여 약제량을 산정할 수 있다.

(1) 주차장에 설치하여야 하는 분말소화설비의 소화약제의 종류와 주성분에 대하여 쓰시오.

　종류 :

　주성분 :

(2) 약제량 산정을 위한 방호구역의 체적 [m³]을 구하시오.

　계산 :

　답 :

(3) 방호구역에 대한 분말소화약제의 최소저장량 [kg]을 구하시오.

　계산 :

　답 :

(4) 가압용 가스로 질소가스를 사용하는 경우 가스(질소)의 최소 필요량 [L] (35 [℃], 1기압의 압력 상태로 환산한 것)을 구하시오.

　계산 :

　답 :

------ 연 습 란 ------

※ 다음 여백은 계산 연습란으로 사용하십시오.

12. 바닥면적이 360 [m²]인 거실의 제연설비에 대해 다음 물음에 답하시오.

득점	배점
	8

[조건]
① 바닥면적이 360 [m²]이다.
② 배출기(다익형 송풍기)의 전압이 25 [mmAq], 효율이 55 [%]이다. (단, 송풍기의 여유율은 20 [%]이다)
③ 공기유입구의 순간 유속은 5 [m/s] 이하이다.

(1) 소요배출량 [m³/h]을 구하시오.

계산 :

답 :

(2) 배출기의 흡입 측 사각 풍도의 높이를 500 [mm]로 할 때 풍도의 최소 폭 [mm]을 구하시오.

계산 :

답 :

(3) 배출기의 배출 측 원형 풍도의 직경 [mm]을 구하시오.

계산 :

답 :

(4) 송풍기의 전동기 동력 [kW]을 구하시오.

계산 :

답 :

--- 연 습 란 ---

※ 다음 여백은 계산 연습란으로 사용하십시오.

⑸ 예상제연구역의 각 부분으로부터 하나의 배출구까지의 수평거리는 몇 [m] 이내가 되도록 하여야 하는지 쓰시오.

답 :

⑹ 공기유입구의 최소 면적 [m²]은 얼마인가?

계산 :

답 :

13. 그림과 같은 벤츄리미터(Venturi Meter)에서 1지점의 관 속에 흐르는 물의 유속 V_1 [m/s]을 구하시오. (단, 수은의 비중은 13.6, 유량계수 C_d는 0.98이며, 수은주의 높이 차 $\triangle h$는 20 [cm], 중력가속도 g는 9.8 [m/s²]이다)

득점	배점
	5

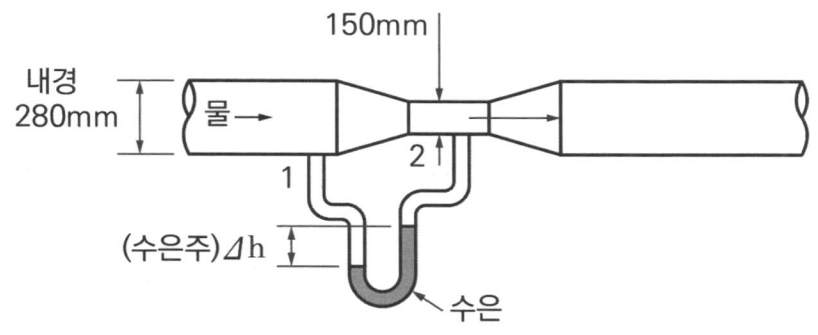

계산 :

답 :

---- 연 습 란 ----

※ 다음 여백은 계산 연습란으로 사용하십시오.

14. 가로 11 [m] × 세로 7 [m] × 높이 5 [m]의 발전기실에 다음의 불활성기체 소화설비를 설치하고자 한다. 다음의 조건과 화재안전기술기준을 참고하여 다음 물음에 답하시오.

득점	배점
	8

[조건]
① IG - 541의 저장용기는 80 [L]용이며, 21 [℃] 충전압력은 15 [MPa](게이지압력)이다.
② IG - 541의 소화농도는 33 [%]이다.
③ 발전기실의 화재는 전기화재로 가정한다.
④ 대기압는 표준대기압이다.
⑤ 소화약제량 산정 시 선형상수를 이용하도록 하며 방출 시 최저예상온도는 12 [℃]이다.

약제	K_1	K_2
IG - 541	0.65799	0.00239

(1) IG - 541의 최소 필요 약제량 [m³]을 구하시오.

계산 :

답 :

(2) IG - 541의 저장용기 최소 병 수를 산정하시오. (단, 충전 시 온도를 반드시 고려하여 산출하고 보일 - 샤를의 법칙을 이용한다)

계산 :

답 :

(3) IG - 541의 약제량 방출 시 유량은 몇 [m³/s]인가?

계산 :

답 :

-- 연 습 란 --

※ 다음 여백은 계산 연습란으로 사용하십시오.

(4) 다음은 할로겐화합물 및 불활성기체 소화설비의 과압배출구에 대한 기준이다. 괄호 안에 알맞은 말을 [보기]에서 찾아 쓰시오.

[보기]
최소허용압력, 최대허용압력, 최소압력, 최고압력, 유지시간, 유지방식, 누설면적, 자동폐쇄장치, 개구부

할로겐화합물 및 불활성기체소화설비의 방호구역에는 소화약제 방출시 발생하는 과(부)압으로 인한 구조물 등의 손상을 방지하기 위해 1부터 4까지의 내용을 검토하여 과압배출구를 설치해야 한다. 다만 과(부)압이 발생해도 구조물 등에 손상이 생길 우려가 없음을 시험 또는 공학적인 자료로 입증하는 경우 설치하지 않을 수 있다.
1. 방호구역 (①)
2. 방호구역의 (②)
3. 소화약제 방출시의 (③)
4. 소화농도 (④)

15. 다음은 지하구의 연소방지설비에 관한 설명이다. ( ) 안에 적합한 단어를 쓰시오.

득점	배점
	5

(1) 연소방지설비의 전용헤드 사용하는 경우 살수헤드의 수가 4개 또는 5개일 경우 배관의 구경은 (①) [mm]로 할 것
(2) 헤드간의 수평거리는 연소방지설비 전용헤드의 경우에는 (②) [m] 이하, 개방형 스프링클러헤드의 경우에는 (③) [m] 이하로 할 것
(3) 소방대원의 출입이 가능한 환기구·작업구마다 지하구의 양쪽 방향으로 살수헤드를 설정하되, 한쪽 방향의 살수구역의 길이는 (④) [m] 이상으로 할 것
다만 환기구 사이의 간격이 (⑤) [m]를 초과할 경우에는 (⑤) [m] 이내마다 살수구역을 설정하되, 지하구의 구조를 고려하여 방화벽을 설치한 경우에는 그렇지 않다.

--------------------------------- 연 습 란 ---------------------------------
※ 다음 여백은 계산 연습란으로 사용하십시오.

16. 아래의 그림과 같은 배관에 물이 흐를 때 배관 ①, ②, ③에 흐르는 각각의 유량 [L/min]을 구하시오. (단, A, B 사이의 배관 ①, ②, ③의 마찰손실수두는 10 [m]로 동일하며, 마찰손실 계산은 아래의 하젠 - 윌리엄 식을 사용한다. 답은 소수점 이하를 반올림하여 반드시 정수로 나타내시오)

득점	배점
	6

[조건]

① 내경 50mm, 관 길이 20m

A   B

2000*l*pm   2000*l*pm

② 내경 80mm, 관 길이 40m

③ 내경 100mm, 관 길이 60m

$$\Delta P[\text{MPa}] = 6.053 \times 10^4 \times \frac{Q^{1.85}}{C^{1.85} \times d^{4.87}} \times L$$

여기서, ΔP : 마찰손실압력 [MPa], Q : 유량 [L/min]
C : 관의 조도, D : 관의 직경 [mm], L : 배관의 길이 [m]

계산 :

• 배관 ①의 유량 :

• 배관 ②의 유량 :

• 배관 ③의 유량 :

-- 연 습 란 --

※ 다음 여백은 계산 연습란으로 사용하십시오.

격차를 뛰어넘어 압도적인 격차를 만들다!

2025 소방설비기사
모아 봉투모의고사

정답 및 해설집

실기 기계분야

목차

소방설비기사 실기 기계분야 1회 / 004

소방설비기사 실기 기계분야 2회 / 044

소방설비기사 실기 기계분야 3회 / 080

소방설비기사 실기 모의고사 정답 및 해설

기계분야

1회

● 부분점수 채점 기준은 한국산업인력관리공단에서 공식적으로 공개하지 않아 정확히 알 수 없으나, 채점위원으로 활동하셨던 교수님 및 기타 다양한 경로를 통해 얻은 정보를 분석하여 자체적으로 수립한 기준입니다. 따라서 모의고사에서 제시하는 부분점수 채점 기준이 실제 채점 결과에 대한 불복 청구 등의 법적 근거자료로 활용될 수 없음을 알려드립니다. 또한 부분점수 채점 기준에 대한 질문은 별도 답변을 하지 않습니다. 이 점 학습에 참고 바랍니다.

소방설비기사 기계분야 모의고사 1회 [정답 및 해설]

01
배점 8점

이산화탄소 국소방출방식 계산문제

정답

(1) 계산과정

$$V = (7 + 0.6 \times 2) \times (3 + 0.6) \times (3 + 0.6) = 106.272 ≒ 106.27 [m^3]$$

답 106.27 [m³]

(2) 계산과정

$$A : (8.2 \times 3.6 \times 2) + (3.6 \times 3.6 \times 2) = 84.96 [m^2]$$

$$a : 8.2 \times 3.6 = 29.52 [m^2]$$

$$W = 106.27 \times \left(8 - 6 \times \frac{29.52}{84.96}\right) \times 1.4 = 880.059 ≒ 880.06 [kg]$$

답 880.06 [kg]

(3) 계산과정

$$W = 106.27 \times \left(8 - 6 \times \frac{29.52}{84.96}\right) \times 1.1 = 691.475 ≒ 691.48 [kg]$$

답 691.48 [kg]

(4)

이산화탄소 소화약제 저장용기와 선택밸브 또는 개폐밸브 사이에는 배관의 (① **최소사용설계압력**)과 (② **최대허용압력**) 사이의 압력에서 작동하는 안전장치를 설치해야 하며, 안전장치를 통하여 나온 소화가스는 전용의 배관 등을 통하여 건축물 (③ **외부**)로 배출될 수 있도록 해야 한다. 이 경우 안전장치로 (④ **용전식**)을 사용해서는 안 된다.

해설

(1) 방호공간의 체적 $V[m^3]$

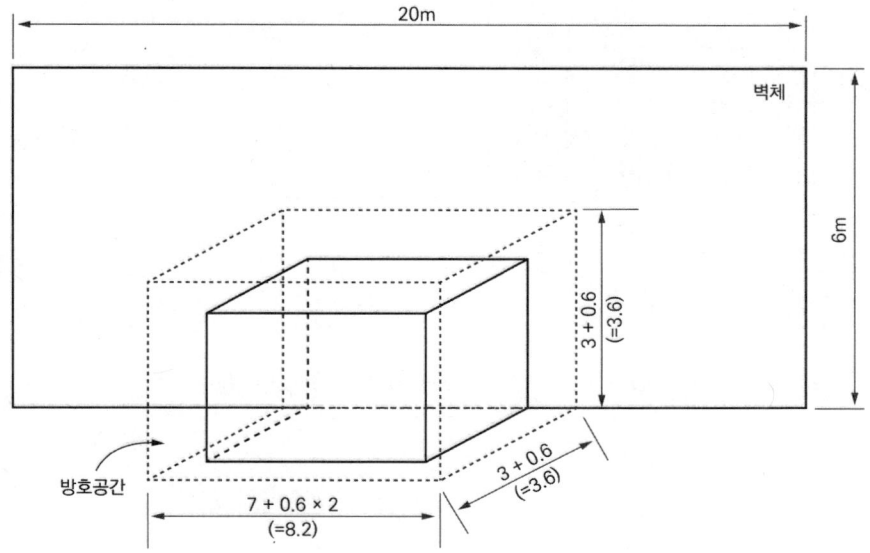

$$V = (7+0.6\times 2)\times(3+0.6)\times(3+0.6) = 106.272 ≒ 106.27\,[m^3]$$

답 106.27 [m³]

(2) 이산화탄소소화설비 국소방출방식 약제량 산정

$$W[kg] = V[m^3] \times \left(8 - 6\frac{a}{A}\right)[kg/m^3] \times h(할증계수)$$

W : 약제량 [kg]
V : 방호공간의 체적 [m³]
(방호대상물의 각 부분으로부터 0.6 [m]의 거리에 따라 둘러싸인 공간)
a : 방호대상물 주위에 설치된 벽면적의 합계 [m²]
A : 방호공간의 벽면적(벽이 없는 경우 벽이 있는 것으로 가정한 당해 부분의 면적)의 합계 [m²]
h : 할증계수(고압식 : 1.4, 저압식 : 1.1)

① A : $(8.2\times 3.6\times 2)+(3.6\times 3.6\times 2) = 84.96\,[m^2]$

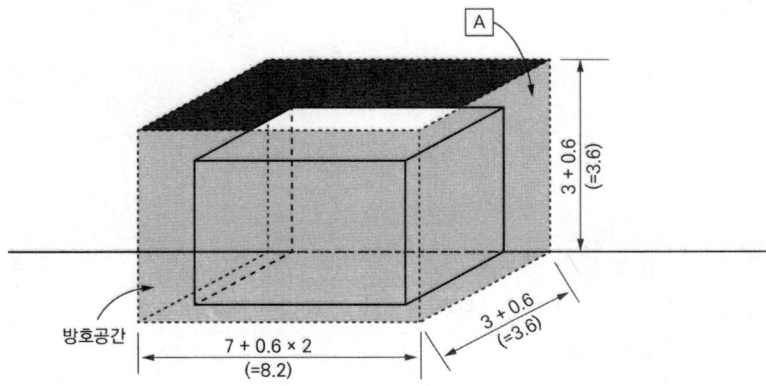

② a : 8.2 × 3.6 = 29.52 $[m^2]$

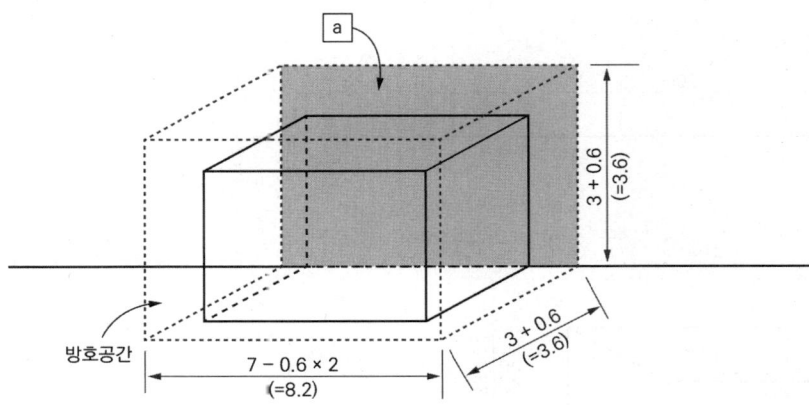

∴ $W = 106.27[m^3] \times \left(8 - 6 \times \dfrac{29.52}{84.96}\right)[kg/m^3] \times 1.4 = 880.059 ≒ 880.06 [kg]$

답 880.06 [kg]

(3) ∴ $W = 106.27[m^3] \times \left(8 - 6 \times \dfrac{29.52}{84.96}\right)[kg/m^3] \times 1.1 = 691.475 ≒ 691.48 [kg]$

답 691.48 [kg]

(4)

이산화탄소 소화약제 저장용기와 선택밸브 또는 개폐밸브 사이에는 배관의 (① **최소사용설계압력**)과 (② **최대허용압력**) 사이의 압력에서 작동하는 안전장치를 설치해야 하며, 안전장치를 통하여 나온 소화가스는 전용의 배관 등을 통하여 건축물 (③ **외부**)로 배출될 수 있도록 해야 한다. 이 경우 안전장치로 (④ **용전식**)을 사용해서는 안 된다.

| 참고 | 용전식 안전밸브(가용합금 안전밸브) |

일반적으로 낮은 융점을 갖는 합금(비스무트, 납 등)을 가용합금이라고 한다. 안전밸브에 가용합금을 사용하여 용기가 이상 고온이 되면 가용합금이 녹아 용기 내의 가스를 방출시키는 방식의 안전장치이다.
※ 용전식 사용 금지 이유 : 이산화탄소 소화설비 배관 내 과압이 발생하였을 때 온도가 상승하지 않아도 안전장치가 동작해야 하므로

부분점수

문항	부분점수	세부기준
(1)	2점	계산과정과 정답을 모두 맞힌 경우 득점
(2)	2점	계산과정과 정답을 모두 맞힌 경우 득점
(3)	2점	계산과정과 정답을 모두 맞힌 경우 득점
(4)	2점	계산과정과 정답을 모두 맞힌 경우 득점

02

배점 6점

소화용수설비 단순 계산 및 단답형

정답

(1) 계산과정

지상 1층 및 2층의 바닥면적 합계 : 7000 + 7000 = 14000 $[m^2]$ → 기준면적 12500 $[m^2]$

$$\frac{연면적}{기준면적} = \frac{37000}{12500} = 2.96 ≒ 3(절상)$$

∴ 3 × 20 = 60

답 60 $[m^3]$

(2) ① 흡수관 투입구의 수 : 1개, ② 채수구의 수 : 2개

(3) 2200 [L/min]

해설

(1) 지상 1층, 2층의 바닥면적 합계가 14000 $[m^2]$(= 7000 + 7000)로 15000 $[m^2]$ 미만이다. 따라서 기준면적을 12500 $[m^2]$로 적용한다.

> **참고** 소화수조 및 저수조의 화재안전기술기준(NFTC 402) – 2.1 소화수조 등
>
> 2.1.2 소화수조 또는 저수조의 저수량은 소방대상물의 연면적을 다음 표 2.1.2에 따른 기준면적으로 나누어 얻은 수(소수점 이하의 수는 1로 본다)에 20 $[m^3]$를 곱한 양 이상이 되도록 해야 한다.
>
> 표 2.1.2 소방대상물별 기준면적
>
> | 소방대상물의 구분 | 기준면적 |
> |---|---|
> | 1. 1층 및 2층의 바닥면적 합계가 15000 $[m^2]$ 이상인 소방대상물 | 7500 $[m^2]$ |
> | 2. 제1호에 해당하지 않는 그 밖의 소방대상물 | 12500 $[m^2]$ |

따라서 소화수조 저수량 $[m^3]$ = $\frac{연면적}{기준면적}$(소수점 이하 절상) × 20 $[m^3]$

$$= \frac{37000[m^2]}{12500[m^2]}(= 2.96 → 절상하여 3) \times 20 [m^3]$$

$$= 3 \times 20 [m^3]$$

$$= 60 [m^3]$$

답 60 $[m^3]$

(2) 소요수량에 따른 흡수관 투입구, 채수구의 수

문항 (1)에서 산출한 소화수조 저수량(60 $[m^3]$)으로 흡수관 투입구 및 채수구의 수를 산출한다.

답 흡수관 투입구 수 : 1개, 채수구 수 : 2개

> **참고** 소화수조 및 저수조의 화재안전기술기준(NFTC 402) - 2.1 소화수조 등

2.1.3 소화수조 또는 저수조는 다음의 기준에 따라 흡수관투입구 또는 채수구를 설치해야 한다.
2.1.3.1 지하에 설치하는 소화용수설비의 **흡수관투입구**는 그 한 변이 0.6 [m] 이상이거나 직경이 0.6 [m] 이상인 것으로 하고, <u>소요수량이 80 [m³] 미만인 것은 1개 이상</u>, 80 [m³] 이상인 것은 2개 이상을 설치해야 하며, "흡수관투입구"라고 표시한 표지를 할 것
2.1.3.2 소화용수설비에 설치하는 채수구는 다음의 기준에 따라 설치할 것
2.1.3.2.1 **채수구**는 다음 표 2.1.3.2.1에 따라 소방용호스 또는 소방용흡수관에 사용하는 구경 65 [mm] 이상의 나사식 결합금속구를 설치할 것

[표 2.1.3.2.1 소요수량에 따른 채수구의 수]

소요수량	20 [m³] 이상 40 [m³] 미만	40 [m³] 이상 100 [m³] 미만	100 [m³] 이상
채수구의 수	1개	2개	3개

(3) 소요수량에 따른 가압송수장치의 1분당 양수량

소요수량	20 [m³] 이상 40 [m³] 미만	40 [m³] 이상 100 [m³] 미만	100 [m³] 이상
가압송수장치의 1분당 양수량	1100 [L] 이상	2200 [L] 이상	3300 [L] 이상

답 2200 [L/min]

부분점수

문항	부분점수	세부기준
(1)	2점	계산과정과 정답을 모두 맞힌 경우 득점
(2)	2점	정답을 맞힌 경우 득점(①, ② 각 1점으로 점수 산정)
(3)	2점	정답을 맞힌 경우 득점

03

피난기구 계산 문제

정답

① 각 층에 설치해야 할 구조대의 설치 개수

$$\frac{3500[m^2]}{500[m^2/개]} = 7개$$

$$7개 \times \frac{1}{2} = 3.5 \rightarrow 4개$$

② 지상 8층의 의료시설에 설치해야 할 구조대의 설치 개수

$$4개/층 \times 6층 = 24개$$

답 24개

해설

① 각 층에 설치해야 할 구조대의 설치 개수

$$\frac{바닥면적[m^2]}{500[m^2/개]} = \frac{3500[m^2]}{500[m^2/개]} = 7개$$

[조건] ②에 따라 설치감소 조건에 적합하므로 피난기구를 설치하여야 할 소방대상물 중 해당 층에는 피난기구의 2분의 1을 감소할 수 있다. 이 경우 설치하여야 할 피난기구의 수에 있어서 소수점 이하의 수는 1로 한다.

$$7개 \times \frac{1}{2} = 3.5 \rightarrow 4개 \rightarrow 설치 개수 : 4개$$

② 지상 8층의 의료시설에 설치해야 할 구조대의 설치 개수

[소방대상물의 설치장소별 피난기구의 적응성]

층별 장소별	1층	2층	3층	4층 이상 10층 이하
<u>의료시설</u>· 근린생활시설 중 입원실이 있는 의원·접골원· 조산원	-	-	• 미끄럼대 • **구조대** • 다수인피난장비 • 승강식피난기 • 피난교 • 피난용트랩	• **구조대** • 다수인피난장비 • 승강식피난기 • 피난교 • 피난용트랩

3층 ~ 8층에 설치하므로 **총 6개의 층**에 구조대를 설치한다

$$4개/층 \times 6층 = 24개$$

답 24개

핵심이론 | 피난기구 설치 개수 및 설치 감소

(1) 피난기구의 설치 개수

① 피난기구는 다음의 기준에 따른 개수 이상을 설치해야 한다.

② **층마다 설치**하되, 숙박시설·노유자시설 및 **의료시설로 사용되는 층**에 있어서는 **그 층의 바닥면적 500 [m²]마다**, 위락시설·문화집회 및 운동시설·판매시설로 사용되는 층 또는 복합용도의 층에 있어서는 그 층의 바닥면적 800 [m²]마다, 계단실형 아파트에 있어서는 각 세대마다, 그 밖의 용도의 층에 있어서는 그 층의 바닥면적 1000 [m²]마다 1개 이상 설치할 것

용도	피난기구 설치 개수
숙박시설·노유자시설·**의료시설**	그 층의 바닥면적 500 [m²]마다 1개 이상
위락시설·문화집회 및 운동시설·판매시설로 사용되는 층 또는 복합용도의 층	그 층의 바닥면적 800 [m²]마다 1개 이상
그 밖의 용도의 층	그 층의 바닥면적 1000 [m²]마다 1개 이상
계단실형 아파트	각 세대마다

(2) 피난기구의 설치 감소

① 피난기구를 설치하여야 할 소방대상물 중 **다음의 기준에 적합한 층**에는 피난기구의 2분의 1을 감소할 수 있다. 이 경우 **설치하여야 할 피난기구의 수에 있어서 소수점 이하의 수는 1로 한다.**

  ㉠ 주요구조부가 **내화구조**로 되어 있을 것
  ㉡ 직통계단인 **피난계단 또는 특별피난계단이 2 이상 설치**되어 있을 것

...

핵심이론 소방대상물의 설치장소별 피난기구의 적응성

장소별 \ 층별	1층	2층	3층	4층 이상 10층 이하
1. 노유자 시설	• 미끄럼대 • 구조대 • 다수인피난장비 • 승강식피난기 • 피난교	• 미끄럼대 • 구조대 • 다수인피난장비 • 승강식피난기 • 피난교	• 미끄럼대 • 구조대 • 다수인피난장비 • 승강식피난기 • 피난교	• 구조대[1] • 다수인피난장비 • 승강식피난기 • 피난교
2. <u>의료시설</u>· 근린생활시설 중 입원실이 있는 의원·접골원· 조산원	-	-	• **미끄럼대** • **구조대** • 다수인피난장비 • 승강식피난기 • 피난교 • 피난용트랩	• **구조대** • 다수인피난장비 • 승강식피난기 • 피난교 • 피난용트랩
3. 다중이용업소로서 영업장의 위치가 4층 이하인 다중이용업소	-	• 미끄럼대 • 구조대 • 다수인피난장비 • 승강식피난기 • 완강기 • 피난사다리	• 미끄럼대 • 구조대 • 다수인피난장비 • 승강식피난기 • 완강기 • 피난사다리	• 미끄럼대 • 구조대 • 다수인피난장비 • 승강식피난기 • 완강기 • 피난사다리
4. 그 밖의 것	-	-	• 미끄럼대 • 구조대 • 다수인피난장비 • 승강식피난기 • 완강기 • 간이완강기[2] • 공기안전매트[3] • 피난교 • 피난사다리 • 피난용트랩	• 구조대 • 다수인피난장비 • 승강식피난기 • 완강기 • 간이완강기[2] • 공기안전매트[3] • 피난교 • 피난사다리

※ 비고
1) **구조대**의 적응성은 장애인 관련 시설로서 주된 사용자 중 스스로 피난이 불가한 자가 있는 경우 추가로 설치하는 경우에 한함
2), 3) **간이완강기**의 적응성은 숙박시설의 3층 이상에 있는 객실에, **공기안전매트**의 적응성은 공동주택에 추가로 설치하는 경우에 한함

> **부분점수**

점수	세부기준
4점	부분점수 없음(계산과정과 답을 모두 맞힌 경우 4점 득점, 그렇지 않으면 0점)

04
배점 6점

제연설비 배출량 계산 문제

> **정답**

(1) ① 바닥면적 : 30 × 28 = 840 [m²]
② 실의 대각선 길이 : $\sqrt{30^2 + 28^2}$ = 41.04[m]
③ 수직거리 : 3 - 0.8 = 2.2 [m]
∴ 배출량 = 50000 [m³/hr]

(2)

구분	배기			급기		
	1	2	3	4	5	6
B구역 화재	●	○	●	○	●	○

> **해설**

(1) ① 바닥면적 : 30 × 28 = 840 [m²](400 [m²] 이상이므로 대규모 거실)
② 실의 대각선 길이 : $\sqrt{30^2 + 28^2}$ = 41.04[m]
따라서 예상제연구역이 직경 40 [m]인 원의 범위를 초과함

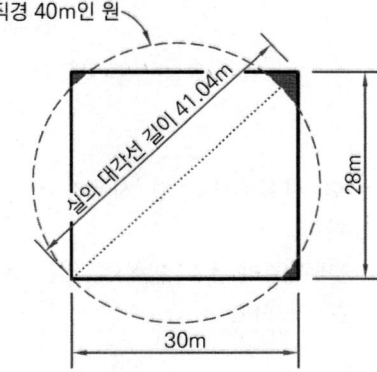

③ 수직거리 : 3 - 0.8 = 2.2 [m]

| 참고 | 제연설비의 화재안전기술기준(NFTC 501) - 1.7 용어의 정의 |

1.7.1.5 "제연경계의 폭"이란 제연경계가 면한 천장 또는 반자로부터 그 제연경계의 수직하단 끝부분까지의 거리를 말한다.
1.7.1.6 "수직거리"란 제연경계의 하단 끝으로부터 그 수직한 하부 바닥면까지의 거리를 말한다.

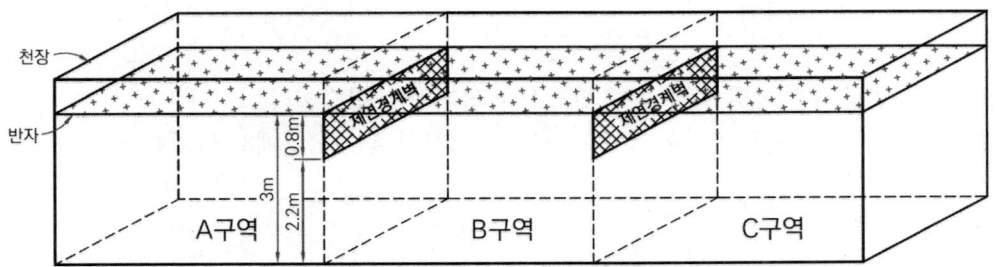

수직거리가 2.2 [m]로 "2 [m] 초과 2.5 [m] 이하"에 해당하므로

수직거리	배출량
2 [m] 이하	45000 [m³/hr] 이상
2 [m] 초과 2.5 [m] 이하	50000 [m³/hr] 이상
2.5 [m] 초과 3 [m] 이하	55000 [m³/hr] 이상
3 [m] 초과	65000 [m³/hr] 이상

A, B, C 구역 모두 바닥면적이 동일하므로 각 실의 최소 배출량은 50000 [m³/hr]이다.
여기서 조건 ①에 의해 인접구역상호제연방식을 적용하므로 배출기의 최소 배출량은 각 구역의 배출량 중 최댓값을 적용한다. 따라서 배출기의 최소 배출량은 50000 [m³/hr]이다.

답 50000 [m³/hr]

| 참고 | 바닥면적 400 [m²] 이상인 거실의 예상제연구역의 배출량 |

(1) 예상제연구역이 직경 40 [m]인 원의 범위 안에 있을 경우
배출량 40000 [m³/hr] 이상
다만 예상제연구역이 제연경계로 구획된 경우에는 그 수직거리에 따른 배출량으로 산정

수직거리	배출량
2 [m] 이하	40000 [m³/hr] 이상
2 [m] 초과 2.5 [m] 이하	45000 [m³/hr] 이상
2.5 [m] 초과 3 [m] 이하	50000 [m³/hr] 이상
3 [m] 초과	60000 [m³/hr] 이상

(2) <u>예상제연구역이 직경 40 [m]인 원의 범위를 초과할 경우</u>
배출량 45000 [m³/hr] 이상
다만 예상제연구역이 제연경계로 구획된 경우에는 그 수직거리에 따른 배출량으로 산정

수직거리	배출량
2 [m] 이하	45000 [m³/hr] 이상
<u>2 [m] 초과 2.5 [m] 이하</u>	<u>50000 [m³/hr] 이상</u>
2.5 [m] 초과 3 [m] 이하	55000 [m³/hr] 이상
3 [m] 초과	65000 [m³/hr] 이상

(2) 인접구역상호제연방식은 화재실은 배기, 인접실은 급기하는 방식이다.
따라서 B실 화재 시 화재실인 B실에서 배기하고, 인접실인 A실, C실에서 급기한다.

부분점수

문항	부분점수	세부기준
(1)	3점	계산과정과 정답을 모두 맞힌 경우 득점
(2)	3점	댐퍼의 동작 상태를 모두 맞혔을 경우에만 득점

05 배점 3점
수계소화설비 단답형 문제

정답

(1) 배관을 (① 지하)에 매설하는 경우
(2) 다른 부분과 (② 내화구조)로 구획된 덕트 또는 피트의 (③ 내부)에 설치하는 경우
(3) 천장과 반자를 (④ 불연재료) 또는 (⑤ 준불연재료)로 설치하고 소화배관 내부에 항상 (⑥ 소화수)가 채워진 상태로 설치하는 경우

부분점수

문항	부분점수	세부기준
① ~ ⑥	총 3점	1개 틀렸을 경우 → 2점 득점 2개 틀렸을 경우 → 1점 득점 3개 이상 틀렸을 경우 → 0점 득점

06

스프링클러설비 계산 및 단답형 문제

> 정답

(1) 계산과정 : S = $2R\cos\theta = 2 \times 2.3 \times \cos 45 = 3.252 ≒ 3.25\,[m]$

답 3.25 [m]

(2) 계산과정

$Q = N \times 80 = 10 \times 80 = 800\,[L/min]$

H = 52 + (52 × 0.3) + 10 = 77.6 [m]

$P = \dfrac{\gamma QH}{\eta} \times K = \dfrac{9.8 \times \dfrac{0.8}{60} \times 77.6}{0.65} \times 1.1 = 17.159 ≒ 17.16\,[kW]$

답 17.16 [kW]

(3) 계산과정

$(10 \times 1.6) + (10 \times 1.6 \times \dfrac{1}{3}) = 21.33\,[m^3]$

답 $21.33\,[m^3]$

(4) 답 : ① 수조 ② 100 ③ 15 ④ 급수배관

(5) 명칭 : 기동용수압개폐장치(압력챔버)
 역할 : 배관 내의 압력변동에 따라 펌프의 자동기동 및 정지를 위해 설치하며 설비 내 충격을 완화시킨다.

(6) 명칭 : 릴리프밸브
 작동압력범위 : 체절압력 미만

(7) ① 배관용 탄소 강관
 ② 이음매 없는 구리 및 구리합금관. 다만 습식의 배관에 한한다.
 ③ 배관용 스테인리스 강관 또는 일반배관용 스테인리스 강관
 ④ 덕타일 주철관
 위 4가지 중 2가지 기술할 것

해설

(1) 설치장소별 수평거리 R

설치장소	수평거리(R)
• 특수가연물을 저장 또는 취급하는 장소 • 무대부	1.7 [m] 이하
• 기타구조 • 라지드롭형 스프링클러헤드를 설치하는 창고 　(단, ① 특수가연물을 저장 또는 취급하는 창고 : 1.7 [m] 이하, ② 내화구조로 된 창고 : 2.3 [m] 이하)	2.1 [m] 이하
• 내화구조	2.3 [m] 이하
• 아파트등의 세대 내	2.6 [m] 이하

[참고] 공동주택의 화재안전성능기준(NFPC 608)·화재안전기술기준(NFTC 608), 창고시설의 화재안전성능기준(NFPC 609)·화재안전기술기준(NFTC 609)이 2024.1.1.에 시행

☆암기 특수 무기 창 내아

$R(수평거리) = 2.3[m]$
$S(헤드 간 거리) = 2R\cos\theta = 2 \times 2.3 \times \cos 45 = 3.252 ≒ 3.25[m]$

답 3.25 [m]

(2) ① 토출량 Q [L/min]

$Q = N \times 80[L/min] = 10 \times 80[L/min] = 800[L/min]$

여기서, 기준개수 N을 산정할 때 건물이 아파트, 지하가, 지하역사가 아니라면 건물의 층수부터 확인한다. 해당 건물은 '지하층을 제외한 층수가 10층 이하인 특정소방대상물'이며, '주차장 및 차고, 사무실'로 사용되므로 아래 표에서 '그 밖의 것'에 해당한다. 또한 조건 ②에 층당 높이가 4 [m]라고 하였으므로 헤드의 부착높이는 최대 4 [m]가 된다. 따라서 기준개수 $N = 10$이다.

[설치장소별 스프링클러헤드의 기준개수]

설치장소			기준개수
지하층을 제외한 층수가 10층 이하인 특정소방대상물	공장	특수가연물 저장·취급하는 것	30개
		그 밖의 것	20개
	근린생활시설, 판매시설·운수시설 또는 복합건축물	판매시설 또는 복합건축물(판매시설이 설치되는 복합건축물)	30개
		그 밖의 것	20개
	그 밖의 것	헤드의 부착높이가 8 [m] 이상의 것	20개
		헤드의 부착높이가 8 [m] 미만의 것	**10개**
지하층을 제외한 층수가 11층 이상인 소방대상물(아파트 제외)·지하가 또는 지하역사			30개
아파트등	각 동이 주차장으로 서로 연결되지 않은 경우		10개
	각 동이 주차장으로 서로 연결된 구조인 경우 해당 주차장 부분		30개
라지드롭형 스프링클러헤드를 설치하는 창고시설			30개

[비고] 하나의 소방대상물이 2 이상의 "스프링클러헤드의 기준개수"란에 해당하는 때에는 기준개수가 많은 것을 기준으로 한다. 다만 각 기준개수에 해당하는 수원을 별도로 설치하는 경우에는 그렇지 않다.

② 전양정 H [m]
  ㉠ 실양정 : 52 [m]
  ㉡ 배관의 마찰손실 : 52 × 0.3 = 15.6 [m]
  ∴ 전양정 H = 실양정 + 배관의 마찰손실 + 방사압 = 52 + 15.6 + 10 = 77.6 [m]

③ 전동기의 용량 P [kW]

$$P = \frac{\gamma QH}{\eta} \times K = \frac{9.8 \times \frac{0.8}{60} \times 77.6}{0.65} \times 1.1 = 17.159 ≒ 17.16 \text{ [kW]}$$

답 17.16 [kW]

(3) ① 전용수원의 양

$$N \times 80[L/min] \times 20[\min] = 10 \times 80[L/min] \times 20[\min] = 16000[L] = 16[m^3]$$

② 옥상수원의 수원량 : $16[m^3] \times \frac{1}{3} = 5.33[m^3]$

∴ 수원의 양 $16[m^3] + 5.33[m^3] = 21.33[m^3]$

답 21.33 [m³]

(4) (※ 기호 Ⓐ의 명칭 : 물올림장치)

(5), (6), (7)은 정답과 해설이 일치한다.

부분점수

문항	부분점수	세부기준
(1)	1점	계산과정과 정답을 모두 맞힌 경우 득점
(2)	1점	계산과정과 정답을 모두 맞힌 경우 득점
(3)	1점	계산과정과 정답을 모두 맞힌 경우 득점
(4)	3점	1개 틀렸을 경우 → 2점 득점 2개 틀렸을 경우 → 1점 득점 3개 이상 틀렸을 경우 → 0점 득점
(5)	1점	명칭과 역할을 모두 맞힌 경우 득점
(6)	1점	명칭과 작동압력범위를 모두 맞힌 경우 득점
(7)	2점	1개 틀렸을 경우 → 1점 득점 2개 틀렸을 경우 → 0점 득점

07

배점 7점

물분무소화설비 계산문제 및 단답형 문제

정답

(1) 계산과정 : $100 \times 10 = 1000 \, [L/min]$

　　　　　　　　　　　　　　　　　　　　　　　　　🅐 1000 [L/min]

(2) 계산과정 : $\dfrac{1000}{8} = 125 \, [L/min]$

　　　　　　　　　　　　　　　　　　　　　　　　　🅐 $125 \, [L/min]$

(3) 계산과정 : $125 = K\sqrt{10 \times 0.4}$

　　∴ $K = 62.5$

　　　　　　　　　　　　　　　　　　　　　　　　　🅐 62.5

(4) 계산과정 : $100 \times 10 \times 20 = 20000 \, [L] = 20 \, [m^3]$

　　　　　　　　　　　　　　　　　　　　　　　　　🅐 20 [m³]

기계 - 1 - 18

(5) 물분무헤드와 전기기기의 이격기준

전압 [kV]	거리 [cm]	전압 [kV]	거리 [cm]
66 이하	(① 70) 이상	154 초과 181 이하	180 이상
66 초과 77 이하	80 이상	181 초과 220 이하	(② 210) 이상
77 초과 110 이하	110 이상	220 초과 275 이하	(③ 260) 이상
110 초과 154 이하	150 이상		

해설

(1) 물분무소화설비 수원량 산정

소방대상물	수원량 산정방법	비고
특수가연물을 저장·취급하는 특정소방대상물 또는 그 부분	A [m²] × 10 [L/min·m²] × 20 [min] (A : 바닥면적)	최대 방수구역의 바닥면적을 기준으로 함. 50 [m²] 이하인 경우에는 50 [m²]
절연유 봉입 변압기	A [m²] × 10 [L/min·m²] × 20 [min] (A : 바닥부분을 제외한 표면적을 합한 면적)	-
컨베이어벨트등	A [m²] × 10 [L/min·m²] × 20 [min] (A : 벨트 부분의 바닥면적)	-
케이블 트레이, 케이블 덕트 등	A [m²] × 12 [L/min·m²] × 20 [min] (A : 투영된 바닥면적)	-
차고·주차장	A [m²] × 20 [L/min·m²] × 20 [min] (A : 바닥면적)	최대 방수구역의 바닥면적을 기준으로 함. 50 [m²] 이하인 경우에는 50 [m²]

∴ 100 [m²] × 10 [L/min·m²] = 1000 [L/min]

답 1000 [L/min]

(2) $\dfrac{1000 [L/min]}{8 [개]} = 125 [L/min]$

답 125 [L/min]

(3) $125 [L/min] = K\sqrt{10 \times 0.4 [MPa]}$
∴ $K = 62.5$

답 62.5

(4) 저수량 = $100 [m^2] \times 10 [L/min \cdot m^2] \times 20 [min] = 20000 [L] = 20 [m^3]$

답 20 [m³]

(5)는 정답과 해설이 일치한다.

부분점수

문항	부분점수	세부기준
(1)	1점	계산과정과 정답을 모두 맞힌 경우 득점
(2)	1점	계산과정과 정답을 모두 맞힌 경우 득점
(3)	1점	계산과정과 정답을 모두 맞힌 경우 득점
(4)	1점	계산과정과 정답을 모두 맞힌 경우 득점
(5)	3점	1개 틀렸을 경우 → 2점 득점 2개 틀렸을 경우 → 1점 득점 3개 틀렸을 경우 → 0점 득점

08

배점 3점

옥외소화전 단답형 문제

정답

(가) 7개, (나) 11개, (다) 14개

해설

[옥외소화전함의 설치 개수 기준]

옥외소화전	옥외소화전함의 설치 수량
10개 이하	옥외소화전마다 5 [m] 이내의 장소에 1개 이상 설치
11개 이상 30개 이하	11개 이상의 소화전함을 각각 분산하여 설치
31개 이상	옥외소화전 3개마다 1개 이상의 소화전함 설치

(가) : 옥외소화전이 7개로 10개 이하이기 때문에 옥외소화전마다 1개 이상 소화전함 설치 → 7개
(나) : 옥외소화전이 27개이므로 11개 이상의 소화전함을 각각 분산하여 설치 → 11개
(다) : 옥외소화전이 40개이므로 옥외소화전 3개마다 1개 이상의 소화전함 설치

→ $\dfrac{40}{3} = 13.33$(절상) ≒ 14개

답 (가) 7개, (나) 11개, (다) 14개

부분점수

문항	부분점수	세부기준
(1)	1점	정답을 맞힌 경우 득점
(2)	1점	정답을 맞힌 경우 득점
(3)	1점	정답을 맞힌 경우 득점

09

포소화설비 계산문제

정답

(1) 특형 방출구

(2) 계산과정

$$\left\{\frac{\pi \times (50^2 - 47.6^2)}{4} \times 8\right\} + (3 \times 400) = 2671.773 \fallingdotseq 2671.77 [L/\min]$$

답 2671.77 [L/min]

(3) 계산과정

$$\left\{\frac{\pi \times (50^2 - 47.6^2)}{4} \times 8 \times 30 \times 0.94\right\} + (3 \times 400 \times 20 \times 0.94) + \left\{(\frac{\pi \times 0.1^2}{4}) \times 200 \times 0.94 \times 1000\right\}$$
$= 65540.556 \ [L] = 65.54 \ [m^3]$

답 65.54 [m³]

(4) 계산과정

$$\left\{\frac{\pi \times (50^2 - 47.6^2)}{4} \times 8 \times 30 \times 0.06\right\} + (3 \times 400 \times 20 \times 0.06) + \left\{(\frac{\pi \times 0.1^2}{4}) \times 200 \times 0.06 \times 1000\right\}$$
$= 4183.44 \ [L]$

답 4183.44 [L]

(5) 계산과정 : $1050 \times 2.67177 = 2805.358 \fallingdotseq 2805.36 [kg/s]$

답 2805.36 [kg/min]

해설

(1) 플로팅루프탱크이므로 적합한 방출구는 특형 방출구이다.

(2) 포수용액을 토출하는 가압송수장치의 분당 토출량 [L/min]

① 고정포 방출구

$$A[m^2] \times Q_A[L/m^2 \cdot min] = \frac{\pi \times (50^2 - 47.6^2)}{4}[m^2] \times 8[L/m^2 \cdot min] = 1471.773[L/min]$$

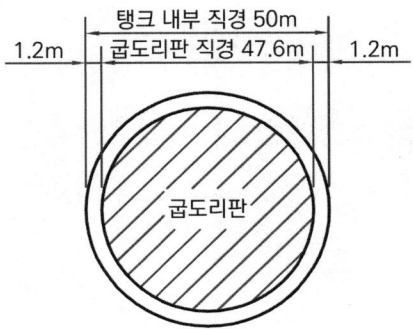

② 보조포 소화전

$N \times 400[L/min]$ = 3개 × 400 [L/min] = 1200 [L/min]

[여기서 N : 호스접결구의 수(최대 3개)]

(조건상 단구형 또는 쌍구형에 대해 주어진 것이 없으나, 총 보조포 소화전이 3개이기 때문에 단구형이라고 가정해도 N = 3, 쌍구형이라고 가정해도 N = 3이다. 따라서 N = 3이다)

∴ 1471.773 + 1200 = 2671.773 ≒ 2671.77 [L/min]

답 2671.77 [L/min]

(3) 수원의 최소량 [m^3]

① 고정포 방출구 : $\frac{\pi \times (50^2 - 47.6^2)}{4}[m^2] \times 8[L/m^2 \cdot min] \times 30[min] \times 0.94 = 41504.0078[L]$

② 보조포 소화전 : 3개 × 400 [L/min] × 20 [min] × 0.94 = 22560 [L]

③ 배관 보정량 : $(\frac{\pi \times 0.1^2}{4})[m^2] \times 200[m] \times 0.94 \times 1000[L/m^3] = 1476.5485[L]$

∴ 41504.0078 + 22560 + 1476.5485 = 65540.5563 [L] = 65.54 [m^3]

답 65.54 [m^3]

(4) 포소화약제의 양 [L]

⟨풀이 1⟩

① 고정포 방출구 : $\frac{\pi \times (50^2 - 47.6^2)}{4}[m^2] \times 8[L/m^2 \cdot min] \times 30[min] \times 0.06 = 2649.1919[L]$

② 보조포 소화전 : 3개 × 400 [L/min] × 20 [min] × 0.06 = 1440 [L]

③ 배관 보정량 : $(\frac{\pi \times 0.1^2}{4})[m^2] \times 200[m] \times 0.06 \times 1000[L/m^3] = 94.2477[L]$

∴ 2649.1919 + 1440 + 94.2477 = 4183.4396 ≒ 4183.44 [L]

〈풀이 2〉

소문항 (3)에서 구한 수원의 양이 65540.5563 [L]이므로

$$포소화약제의\ 양 = 포수용액의\ 양 \times S = \frac{수원의\ 양}{(1-S)} \times S$$

$$= \frac{65540.5563[L]}{0.94} \times 0.06 = 4183.439 ≒ 4183.44[L]$$

※ 수원의 양 = 포수용액의 양 $\times (1-S)$ 이므로 포수용액의 양 = $\dfrac{수원의\ 양}{(1-S)}$ 이다.

📝 4183.44 [L]

(5) 포수용액의 질량유량 [kg/s]

$$\dot{m} = \rho_{약제} \cdot A \cdot V = \rho_{약제} \cdot Q = 1050[kg/m^3] \times 2.67177[m^3/\min] = 2805.358 ≒ 2805.36[kg/\min]$$

📝 2805.36 [kg/min]

부분점수

문항	부분점수	세부기준
(1)	2점	정답을 맞힌 경우 득점
(2)	2점	계산과정과 정답을 모두 맞힌 경우 득점
(3)	2점	계산과정과 정답을 모두 맞힌 경우 득점
(4)	2점	계산과정과 정답을 모두 맞힌 경우 득점
(5)	2점	계산과정과 정답을 모두 맞힌 경우 득점

10 배점 6점

특별피난계단의 계단실 및 부속실 제연설비 계산문제

정답

계산과정

① (A_1), (A_3) 병렬 : $0.01 + 0.01 = 0.02[m^2]$

② (A_1, A_3), (A_4) 직렬 : $\dfrac{1}{\sqrt{\dfrac{1}{0.02^2} + \dfrac{1}{0.02^2}}} = 0.0141[m^2]$

③ (A_1, A_3, A_4), (A_2) 병렬 : $0.0141 + 0.01 = 0.0241[m^2]$

④ $(A_1 \sim A_4)$, (A_5) 직렬 : $\dfrac{1}{\sqrt{\dfrac{1}{0.0241^2}+\dfrac{1}{0.02^2}}} = 0.0154\,[m^2]$

⑤ (A_6), (A_7) 병렬 : $0.02 + 0.02 = 0.04\,[m^2]$

⑥ (A_6, A_7), (A_8) 직렬 : $\dfrac{1}{\sqrt{\dfrac{1}{0.04^2}+\dfrac{1}{0.02^2}}} = 0.0179\,[m^2]$

⑦ $(A_1 \sim A_5)$, $(A_6 \sim A_8)$ 병렬 : $0.0154 + 0.0179 = 0.0333\,[m^2]$

⑧ $(A_1 \sim A_8)$, (A_9) 직렬 : $\dfrac{1}{\sqrt{\dfrac{1}{0.0333^2}+\dfrac{1}{0.02^2}}} = 0.0171\,[m^2]$

⑨ $Q = 0.827 \times A \times \sqrt{P}$

   $0.1 = 0.827 \times 0.0171 \times \sqrt{P}$

   $\therefore P = 50.003 \fallingdotseq 50\,[Pa]$

답 50 [Pa]

해설

병렬상태인 경우 틈새면적 [m²] $A_T = A_1 + A_2 + \cdots + A_n$

직렬상태인 경우 틈새면적 [m²] $A_T = \dfrac{1}{\sqrt{\left(\dfrac{1}{A_1^2}+\dfrac{1}{A_2^2}+\cdots+\dfrac{1}{A_n^2}\right)}} = \left(\dfrac{1}{A_1^2}+\dfrac{1}{A_2^2}+\cdots+\dfrac{1}{A_n^2}\right)^{-\frac{1}{2}}$

※ 틈새면적합계를 구할 대 소수점 몇 째 자리까지 구하라는 조건이 없을 시 이로 인한 답의 오차는 모두 인정된다.

계산과정

①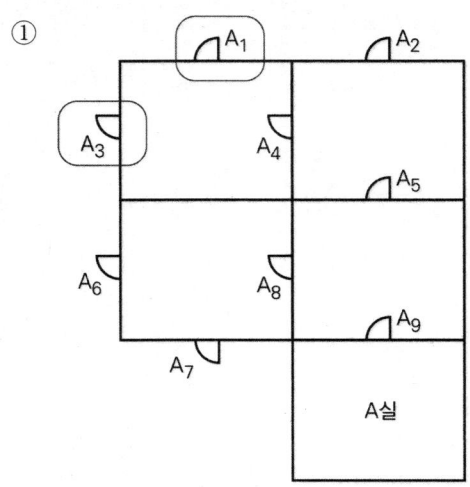

(A_1), (A_3) 병렬

: $0.01 + 0.01 = 0.02\,[m^2]$

②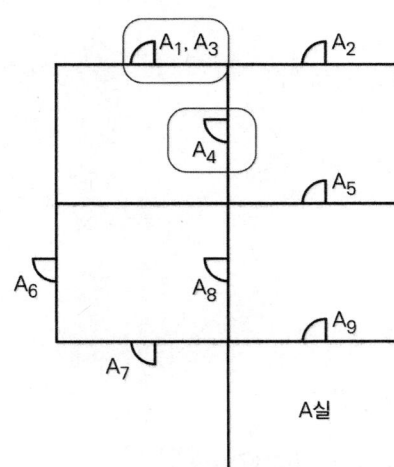

$(A_1, A_3), (A_4)$ 직렬

$$: \frac{1}{\sqrt{\frac{1}{0.02^2} + \frac{1}{0.02^2}}} = 0.0141 [m^2]$$

③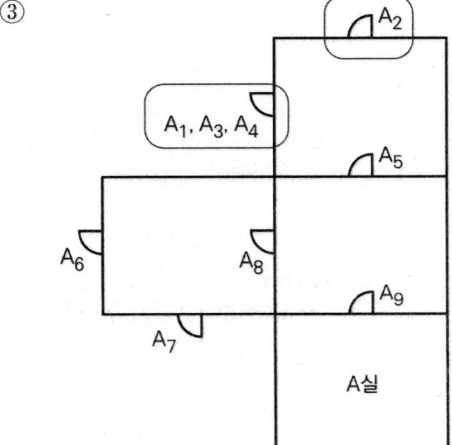

$(A_1, A_3, A_4), (A_2)$ 병렬

$: 0.0141 + 0.01 = 0.0241 [m^2]$

④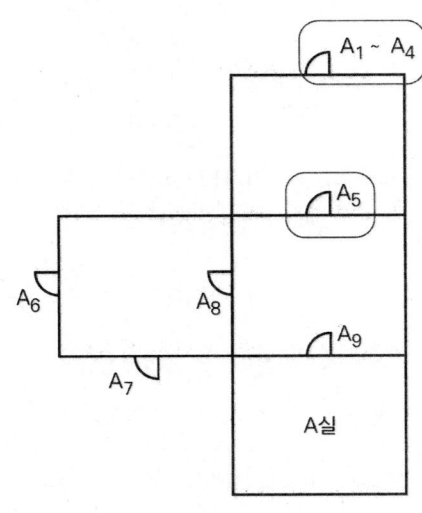

$(A_1 \sim A_4), (A_5)$ 직렬

$$: \frac{1}{\sqrt{\frac{1}{0.0241^2} + \frac{1}{0.02^2}}} = 0.0154 [m^2]$$

⑤ 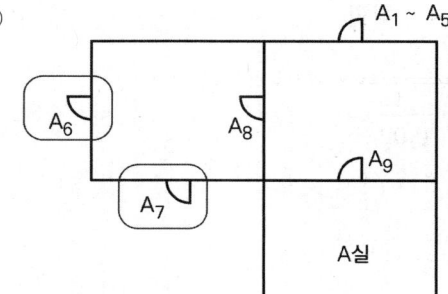 $(A_6), (A_7)$ 병렬

$: 0.02 + 0.02 = 0.04\,[m^2]$

⑥ 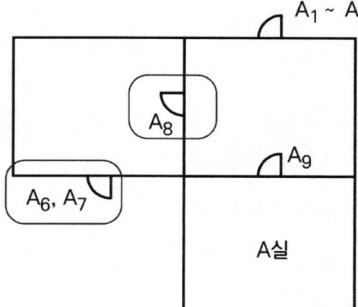 $(A_6, A_7), (A_8)$ 직렬

$: \dfrac{1}{\sqrt{\dfrac{1}{0.04^2}+\dfrac{1}{0.02^2}}} = 0.0179\,[m^2]$

⑦ 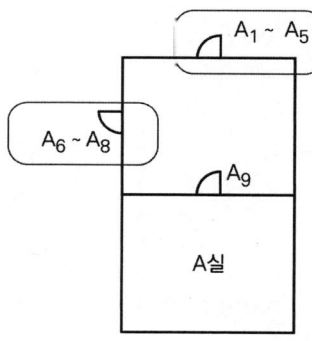 $(A_1 \sim A_5), (A_6 \sim A_8)$ 병렬

$: 0.0154 + 0.0179 = 0.0333\,[m^2]$

⑧ 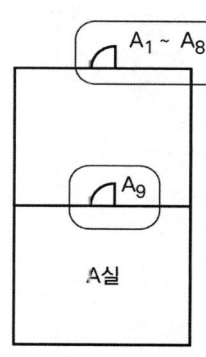 $(A_1 \sim A_8), (A_9)$ 직렬

$: \dfrac{1}{\sqrt{\dfrac{1}{0.0333^2}+\dfrac{1}{0.02^2}}} = 0.0171\,[m^2]$

⑨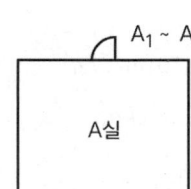

문의 전체 누설틈새면적 $(A_1 \sim A_9)$
$= 0.0171\,[m^2]$
$Q = 0.827 \times A \times \sqrt{P}$
$0.1 = 0.827 \times 0.0171 \times \sqrt{P}$
$\therefore P = 50.003 ≒ 50\,[Pa]$

답 50 [Pa]

부분점수

점수	세부기준
6점	부분점수 없음(계산과정과 답을 모두 맞힌 경우 6점 득점, 그렇지 않으면 0점)

11 배점 10점

할로겐화합물 및 불활성기체 소화설비 계산문제

정답

(1) 계산과정

$V = 15 \times 14 \times 3.5 = 735\,[m^3]$

$S = 0.3164 + (0.0012 \times 30) = 0.3524\,[m^3/kg]$

$C = 38 \times 1.2 = 45.6\,[\%]$

$W = \dfrac{735}{0.3524} \times \dfrac{45.6}{100 - 45.6} ≒ 1748.305 = 1748.31\,[kg]$

답 1748.31 [kg]

(2) 계산과정

한 병당 약제량 $= 0.7208\,[kg/L] \times 68\,[L/병] = 49.014\,[kg/병]$

$W = \dfrac{1748.31\,[kg]}{49.014\,[kg/병]} = 35.67 ≒ 36병$

답 36병

(3) 계산과정

$W = \dfrac{735}{0.3524} \times \left(\dfrac{45.6 \times 0.95}{100 - 45.6 \times 0.95}\right) = 1594.079 ≒ 1594.08\,[kg]$

$\dfrac{W[kg]}{T[s]} = \dfrac{1594.08\,[kg]}{10\,[s]} ≒ 159.408 = 159.41\,[kg/s]$

답 159.41 [kg/s]

(4) 계산과정

$$V_S = K_1 + K_2 \times 20[℃] = 0.65799 + (0.00239 \times 20) = 0.70579[m^3/kg]$$

$$S = K_1 + K_2 \times t[℃] = 0.65799 + (0.00239 \times 30) = 0.72969[m^3/kg]$$

$$X = 2.303 \times \left(\frac{0.70579}{0.72969}\right) \times \log_{10}\left[\frac{100}{100-39.6}\right] \times 735 = 358.50[m^3]$$

답 358.5 [m³]

(5) 계산과정

$$\frac{358.5[m^3]}{15.8[m^3/병]} = 22.68 ≒ 23병$$

답 23병

(6) 계산과정

$$X = 2.303 \times \left(\frac{0.70579}{0.72969}\right) \times \log_{10}\left[\frac{100}{100-39.6 \times 0.95}\right] \times 735 = 335.565[m^3]$$

$$\frac{X[m^3]}{T[s]} = \frac{335.565[m^3]}{120[s]} = 2.796 ≒ 2.80[m^3/s]$$

답 2.8 [m³/s]

(7) 나사접합, 용접접합, 압축접합, 플랜지접합
위 4가지 중 2가지 기술하면 정답

해설

(1) $W[kg] = \frac{V[m^3]}{S[m^3/kg]} \times \frac{C[\%]}{100-C[\%]}$

$V = 15 \times 14 \times 3.5 = 735[m^3]$

$S = K_1 + K_2 \times t[℃] = 0.3164 + (0.0012 \times 30) = 0.3524[m^3/kg]$

$C = 38 \times 1.2 = 45.6[\%]$ (안전계수 : A급 화재는 1.2, B급 화재는 1.3, C급 화재는 1.35)

$W = \frac{735}{0.3524} \times \frac{45.6}{100-45.6} ≒ 1748.305 = 1748.31[kg]$

핵심이론 할로겐화합물소화설비의 소화약제량 산정 〈개정 2024.8.1.〉

$$W[kg] = \frac{V[m^3]}{S[m^3/kg]} \times \left(\frac{C[\%]}{100-C[\%]}\right)$$

여기서, W : 소화약제의 무게 [kg]
V : 방호구역의 체적 [m³]
S : 소화약제별 선형상수($K_1 + K_2 \times t$) [m³/kg]
t : 방호구역의 최소예상온도 [℃]
C : 체적에 따른 소화약제의 설계농도 [%]
⇒ 설계농도는 소화농도(%)에
안전계수[A급 화재 1.2, B급 화재 1.3, C급 화재 1.35]를 곱한 값 이상으로 할 것

답 1748.31 [kg]

(2) 충전밀도 $= 720.8[kg/m^3] = 0.7208[kg/L]$

(⇒ 용기 1 [L]에 약제 0.7208 [kg]을 저장한다는 의미임)

한 병당 약제량 $= 0.7208[kg/L] \times 68[L/병] = 49.014[kg/병]$

병 수 $= \dfrac{1748.31[kg]}{49.014[kg/병]} = 35.67 ≒ 36$병

답 36병

(3) 최소설계농도의 95 [%]에 해당하는 약제량

$$W[kg] = \dfrac{V[m^3]}{S[m^3/kg]} \times \dfrac{C[\%] \times 0.95}{100 - C[\%] \times 0.95}$$

$$= \dfrac{735}{0.3524} \times \left(\dfrac{45.6 \times 0.95}{100 - 45.6 \times 0.95}\right) = 1594.079 ≒ 1594.08[kg]$$

약제량 방출 시 유량 [kg/s] : $\dfrac{W[kg]}{T[s]} = \dfrac{1594.08[kg]}{10[s]} ≒ 159.408 = 159.41[kg/s]$

(∵ 10초 이내에 방출되어야 함)

> **참고** 할로겐화합물 및 불활성기체소화설비의 화재안전기술기준(NFTC 107A) - 2.7 배관
>
> 2.7.3 배관의 구경은 해당 방호구역에 **할로겐화합물소화약제는 10초 이내에**, 불활성기체소화약제는 A·C급 화재 2분, B급 화재 1분 이내에 방호구역 각 부분에 **최소설계농도의 95 [%] 이상에 해당하는 약제량이 방출되도록** 해야 한다.

답 159.41 [kg/s]

(4) $X[m^3] = 2.303 \times \dfrac{V_s[m^3/kg]}{S[m^3/kg]} \times \log_{10}\left[\dfrac{100}{100 - C[\%]}\right] \times V[m^3]$

$V_S = K_1 + K_2 \times 20[℃] = 0.65799 + (0.00239 \times 20) = 0.70579[m^3/kg]$

$S = K_1 + K_2 \times t[℃] = 0.65799 + (0.00239 \times 30) = 0.72969[m^3/kg]$

$C = 39.6[\%]$(※ 조건 ③에 IG - 541의 소화농도가 아닌 "설계농도"가 주어졌으므로 안전계수를 곱하지 않아야 한다)

$X = 2.303 \times \left(\dfrac{0.70579}{0.72969}\right) \times \log_{10}\left[\dfrac{100}{100 - 39.6}\right] \times 735 = 358.50[m^3]$

답 358.5 [m³]

| 핵심이론 | 불활성기체소화설비의 소화약제량 산정 〈개정 2024.8.1.〉 |

$$X[m^3] = 2.303 \times \frac{V_s[m^3/kg]}{S[m^3/kg]} \times \log\left[\frac{100}{100-C[\%]}\right] \times V[m^3]$$

여기서, X : 소화약제의 부피 [m³]
V_s : 20 [℃]에서 소화약제의 비체적 [m³/kg]
S : 소화약제별 선형상수($K_1 + K_2 \times t$)[m³/kg]
t : 방호구역의 최소예상온도 [℃]
V : 방호구역의 체적 [m³]
C : 체적에 따른 소화약제의 설계농도 [%]
⇒ 설계농도는 소화농도(%)에
안전계수[A급 화재 1.2, B급 화재 1.3, C급 화재 1.35]를 곱한 값 이상으로 할 것

(5) 병 수 = $\dfrac{358.5[m^3]}{15.8[m^3/병]}$ = 22.68 ≒ 23병

답 23병

(6) 최소설계농도의 95 [%]에 해당하는 약제량

$$X[m^3] = 2.303 \times \frac{V_S[m^3/kg]}{S[m^3/kg]} \times \log_{10}\left[\frac{100}{100-C[\%] \times 0.95}\right] \times V[m^3]$$

$$= 2.303 \times \left(\frac{0.70579}{0.72969}\right) \times \log_{10}\left[\frac{100}{100-39.6 \times 0.95}\right] \times 735 = 335.565[m^3]$$

약제량 방출 시 유량 [m³/s] : $\dfrac{X[m^3]}{T[s]} = \dfrac{335.565[m^3]}{120[s]} = 2.796 ≒ 2.80[m^3/s]$

(∵A · C급 화재는 2분(120초) 이내에 방출되어야 함)

| 참고 | 할로겐화합물 및 불활성기체소화설비의 화재안전기술기준(NFTC 107A) - 2.7 배관 |

2.7.3 배관의 구경은 해당 방호구역에 할로겐화합물소화약제는 10초 이내에, **불활성기체소화약제는 A · C급 화재 2분**, B급 화재 1분 이내에 방호구역 각 부분에 **최소설계농도의 95 [%] 이상에 해당하는 약제량이 방출되도록** 해야 한다.

답 2.8 [m³/s]

(7) 나사접합, 용접접합, 압축접합, 플랜지접합
위 4가지 중 2가지 기술하면 정답

| 참고 | 할로겐화합물 및 불활성기체소화설비의 화재안전기술기준(NFTC 107A) - 2.7 배관 |

2.7.2 배관과 배관, 배관과 배관 부속 및 밸브류의 접속은 **나사접합, 용접접합, 압축접합 또는 플랜지접합** 등의 방법을 사용해야 한다.

부분점수

문항	부분점수	세부기준
(1)	1점	계산과정과 정답을 모두 맞힌 경우 득점
(2)	1점	계산과정과 정답을 모두 맞힌 경우 득점
(3)	2점	계산과정과 정답을 모두 맞힌 경우 득점
(4)	1점	계산과정과 정답을 모두 맞힌 경우 득점
(5)	1점	계산과정과 정답을 모두 맞힌 경우 득점
(6)	2점	계산과정과 정답을 모두 맞힌 경우 득점
(7)	2점(각 1점)	정답을 맞힌 경우 득점(1개당 각 1점으로 점수 산정)

12 배점 4점

도시기호 문제

정답

번호	명칭	도시기호
①	**유니온**	─┤├─
②	라인 프로포셔너	(도시기호)
③	**포헤드**	(도시기호)
④	옥외소화전	(H 기호)

부분점수

문항	부분점수	세부기준
① ~ ④	4점(각 1점)	정답을 맞힌 경우 득점(문항 1개당 각 1점으로 점수 산정)

13

스프링클러설비 계산문제

정답

(1)

호칭구경	계산과정	등가길이 [m]
25 [A]	(3.5 + 3.5) + (0.6 × 3) = 8.8	8.8 [m]
32 [A]	(3 + 0.5) + (0.9 × 1) = 4.4	4.4 [m]
50 [A]	3 + 3 = 6	6 [m]
65 [A]	3 + 2 = 5	5 [m]
100 [A]	(2 + 2 + 1.2 + 6 + 45 + 2 + 0.5) + (6 × 1) + (3 × 4) + (8.7 × 1) + (8.7 × 1) + (0.7 × 2) = 95.5	95.5 [m]

(2) 계산과정 : 45 - (2 + 0.3 + 0.3 + 1.2) = 41.2

답 41.2 [m]

(3) 계산과정 : $9.8 \times 41.2 = 403.76 [kPa] = 0.4 [MPa]$

답 0.4 [MPa]

(4)

호칭구경	계산과정	마찰손실압력 [MPa/m]
25 [A]	$\triangle P = \dfrac{6 \times 10^4 \times Q^2}{120^2 \times 27^5} = 2.904 \times 10^{-7} \times Q^2$	(2.904×10^{-7}) × Q^2
32 [A]	$\triangle P = \dfrac{6 \times 10^4 \times Q^2}{120^2 \times 33^5} = 1.065 \times 10^{-7} \times Q^2$	(1.065×10^{-7}) × Q^2
50 [A]	$\triangle P = \dfrac{6 \times 10^4 \times Q^2}{120^2 \times 53^5} = 9.963 \times 10^{-9} \times Q^2$	(9.963×10^{-9}) × Q^2
65 [A]	$\triangle P = \dfrac{6 \times 10^4 \times Q^2}{120^2 \times 66^5} = 3.327 \times 10^{-9} \times Q^2$	(3.327×10^{-9}) × Q^2
100 [A]	$\triangle P = \dfrac{6 \times 10^4 \times Q^2}{120^2 \times 102^5} = 3.774 \times 10^{-10} \times Q^2$	(3.774×10^{-10}) × Q^2

(5) 계산과정 : $Q = K\sqrt{10P}$

$P = 0.4 - \{(2.904 \times 10^{-7} \times Q^2 \times 8.8) + (1.065 \times 10^{-7} \times Q^2 \times 4.4)$
$+ (9.963 \times 10^{-9} \times Q^2 \times 6) + (3.327 \times 10^{-9} \times Q^2 \times 5) + (3.774 \times 10^{-10} \times Q^2 \times 95.5)\}$

$\therefore P[MPa] = 0.4 - 3.137 \times 10^{-6} \times Q^2$

$Q = 80\sqrt{10 \times (0.4 - 3.137 \times 10^{-6} \times Q^2)}$

$\therefore Q = 146.01 [L/min]$

답 $146.01 [L/min]$

(6) 계산과정

〈풀이 1〉

$P = 0.4 - 3.137 \times 10^{-6} \times Q^2 = 0.4 - 3.137 \times 10^{-6} \times 146.01^2 = 0.333 ≒ 0.33 [MPa]$

답 0.33 [MPa]

〈풀이 2〉

$Q = K\sqrt{10P}$

$146.01 = 80\sqrt{10 \times P}$

$\therefore P = 0.333 ≒ 0.33 [MPa]$

답 0.33 [MPa]

해설

(1) 조건 ⑤의 표에 '직류티와 레듀셔' 항목이 없기 때문에 등가길이 산정 시 직류티와 레듀셔는 무시한다(아래 표의 배관도에는 등가길이 산정에서 제외되는 직류티도 표현하여, 직류티와 분류티를 구분하기 용이하도록 함).

호칭구경	계산과정	등가길이 [m]
25 [A]	• 직관길이 　3.5 [m] + 3.5 [m] = 7 [m] • 관부속품 및 밸브의 상당길이 　90°엘보 : 0.6 [m] × 3개 = 1.8 [m] ∴ 합계 : 7 [m] + 1.8 [m] = 8.8 [m] ※ A헤드로 연결되는 회향식 배관에 대한 길이는 주어지지 않았으므로 무시한다. 단, 회향식 배관에 설치된 25 [A] 90°엘보의 상당길이는 등가길이에 합산해야 함을 유의한다.	8.8 [m]

호칭구경	계산과정	등가길이 [m]

32 [A]	• 직관길이
	  3 [m] + 0.5 [m] = 3.5 [m]
	• 관부속품 및 밸브의 상당길이
	  90°엘보 : 0.9 [m] × 1개 = 0.9 [m]
	∴ 합계 : 3.5 [m] + 0.9 [m] = 4.4 [m]
		4.4 [m]

50 [A]	• 직관길이 3 [m] + 3 [m] = 6 [m] ∴ 합계 : 6 [m]	6 [m]
65 [A]	• 직관길이 3 [m] + 2 [m] = 5 [m] ∴ 합계 : 5 [m]	5 [m]

호칭구경	계산과정	등가길이 [m]
100 [A]	- 직관길이 　2 [m] + 2 [m] + 1.2 [m] + 6 [m] + 45 [m] + 2 [m] + 0.5 [m] = 58.7 [m] - 관부속품 및 밸브의 상당길이 　분류티 : 6 [m] × 1개 = 6 [m] 　90°엘보 : 3 [m] × 4개 = 12 [m] 　알람밸브 : 8.7 [m] × 1개 = 8.7 [m] 　체크밸브 : 8.7 [m] × 1개 = 8.7 [m] 　게이트밸브 : 0.7 [m] × 2개 = 1.4 [m] 　∴ 합계 : 58.7 [m] + 6 [m] + 12 [m] + 8.7 [m] + 8.7 [m] + 1.4 [m] 　　　　 = 95.5 [m] 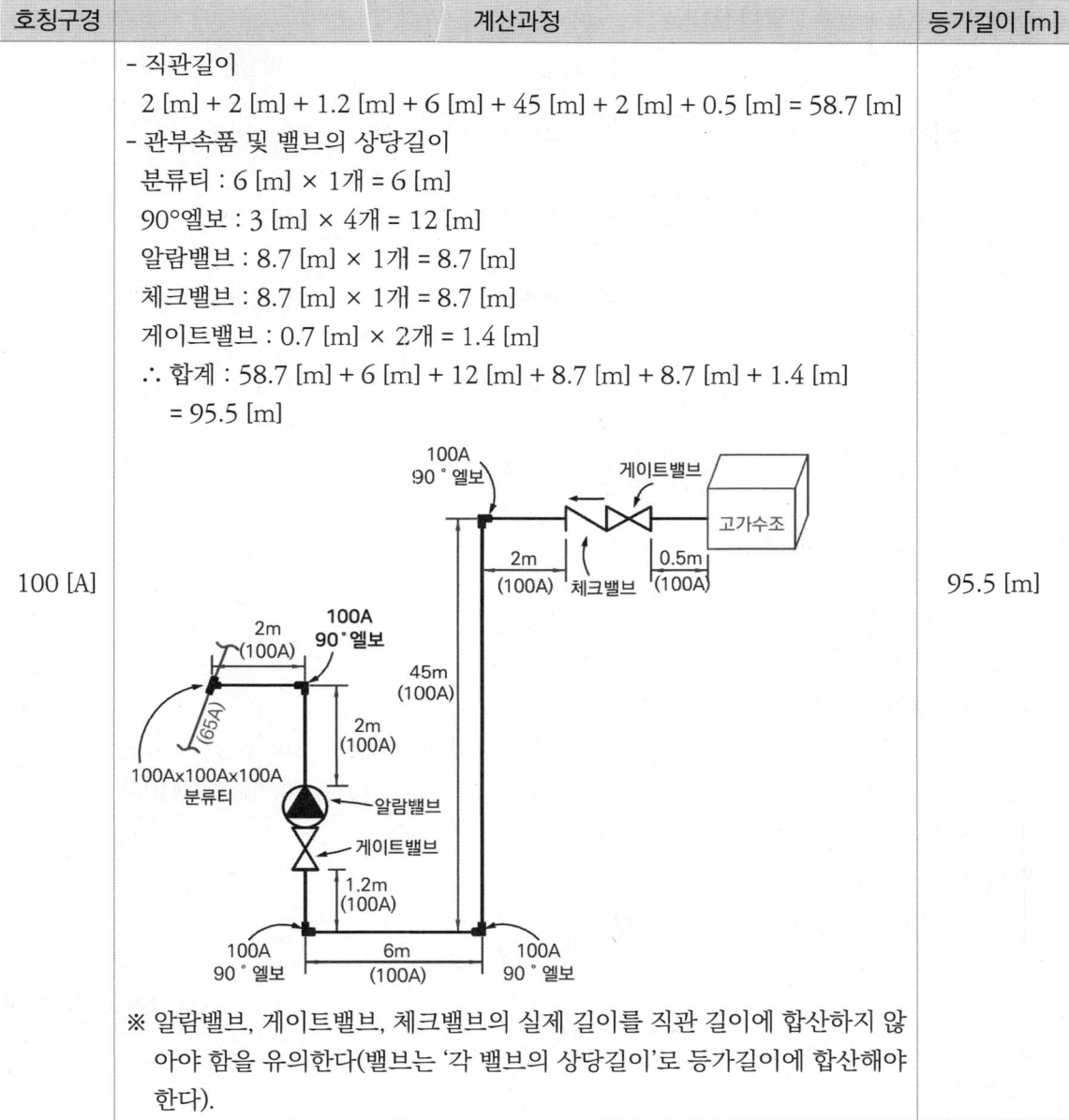 ※ 알람밸브, 게이트밸브, 체크밸브의 실제 길이를 직관 길이에 합산하지 않아야 함을 유의한다(밸브는 '각 밸브의 상당길이'로 등가길이에 합산해야 한다).	95.5 [m]

(2) A헤드로부터 고가수조까지 높이 [m]

　계산과정 : 45 [m] - (2 [m] + 0.3 [m] + 0.3 [m] + 1.2 [m]) = 41.2 [m]

　　　　　　　　　　　　　　　　　　　　　　　　　　　　　답 41.2 [m]

(3) A헤드의 낙차압 [MPa]

　계산과정 : $P = \gamma h = 9.8 [kN/m^3] \times 41.2 [m] = 403.76 [kPa] = 0.4 [MPa]$

　　　　　　　　　　　　　　　　　　　　　　　　　　　　　답 0.4 [MPa]

(4) 배관 1 [m]당 마찰손실압력 [MPa]

호칭구경	계산과정	마찰손실압력 [MPa/m]
25 [A]	$\triangle P = \dfrac{6\times 10^4 \times Q^2}{120^2 \times 27^5} = 2.904 \times 10^{-7} \times Q^2$	(2.904×10^{-7}) $\times Q^2$
32 [A]	$\triangle P = \dfrac{6\times 10^4 \times Q^2}{120^2 \times 33^5} = 1.065 \times 10^{-7} \times Q^2$	(1.065×10^{-7}) $\times Q^2$
50 [A]	$\triangle P = \dfrac{6\times 10^4 \times Q^2}{120^2 \times 53^5} = 9.963 \times 10^{-9} \times Q^2$	(9.963×10^{-9}) $\times Q^2$
65 [A]	$\triangle P = \dfrac{6\times 10^4 \times Q^2}{120^2 \times 66^5} = 3.327 \times 10^{-9} \times Q^2$	(3.327×10^{-9}) $\times Q^2$
100 [A]	$\triangle P = \dfrac{6\times 10^4 \times Q^2}{120^2 \times 102^5} = 3.774 \times 10^{-10} \times Q^2$	(3.774×10^{-10}) $\times Q^2$

(5) A헤드의 방수량 [L/min]

$Q = K\sqrt{10P}$

여기서, $P[MPa]$는 방사압으로 $P =$ 낙차압 $-$ 마찰손실압

① 낙차압 [MPa] : 0.4 [MPa]

② 마찰손실압 [MPa]

$(2.904 \times 10^{-7} \times Q^2 \times 3.8) + (1.065 \times 10^{-7} \times Q^2 \times 4.4) + (9.963 \times 10^{-9} \times Q^2 \times 6) +$
$(3.327 \times 10^{-9} \times Q^2 \times 5) + (3.774 \times 10^{-10} \times Q^2 \times 95.5) = 3.137 \times 10^{-6} \times Q^2 [MPa]$

∴ $P[MPa] = 0.4 - 3.137 \times 10^{-6} \times Q^2$

따라서

$Q = 80\sqrt{10 \times (0.4 - 3.137 \times 10^{-6} \times Q^2)}$

∴ $Q = 146.01 [L/min]$

답 146.01 [L/min]

(6) A헤드의 방수량 [L/min]

〈풀이 1〉

$P[MPa] = 0.4 - 3.137 \times 10^{-6} \times Q^2 = 0.4 - 3.137 \times 10^{-6} \times 146.01^2 = 0.333 ≒ 0.33 [MPa]$

〈풀이 2〉

$Q = K\sqrt{10P}$

$146.01 = 80\sqrt{10 \times P}$

∴ $P = 0.333 ≒ 0.33 [MPa]$

답 0.33 [MPa]

부분점수

문항	부분점수	세부기준
(1)	2점	호칭구경별 계산과정과 등가길이 [m]를 모두 맞혀야 득점 1개 틀렸을 경우 → 1점 득점 2개 이상 틀렸을 경우 → 0점 득점
(2)	1점	계산과정과 정답을 모두 맞힌 경우 득점
(3)	1점	계산과정과 정답을 모두 맞힌 경우 득점
(4)	1점	계산과정과 정답을 모두 맞힌 경우 득점(표의 내용 모두 맞아야 득점, 괄호에 대한 부분점수 없음)
(5)	1점	계산과정과 정답을 모두 맞힌 경우 득점
(6)	1점	계산과정과 정답을 모두 맞힌 경우 득점

14

배점 5점

옥내소화전 계산문제

정답

(1) 계산과정

$Q = 2 \times 130 = 260 [\text{L/min}]$

$D = \sqrt{\dfrac{4 \times \dfrac{0.26}{60}}{\pi \times 4}} = 0.03714[m] = 37.14[mm] \rightarrow 50\,[\text{mm}]$

답 50 [A]

(2) 계산과정

H = 25 + 10 + 17 = 52 [m]

$52[m] \times 1.4 = 72.8[m]$

$72.8[m] \times \dfrac{101.325[kPa]}{10.332[mAq]} = 713.943 ≒ 713.94[kPa]$

답 713.94[kPa]

(3) 계산과정

① 정격토출량 : $260[L/min]$

② 유량계 최대유량측정값 : $260[L/min] \times 1.75 = 455[L/min]$

→ 정격토출량 260 [L/min]에서 최대유량측정값 455 [L/min]까지 측정할 수 있는 유량계의 호칭구경은 40 [A], 50 [A]이다.

∴ 최소 호칭구경 = 40 [A]

답 40 [A]

(4) 계산과정

52 × 0.65 = 33.8 [m]

답 33.8 [m]

(5) 계산과정

∴ $Q = 2 \times 130 \times 20 = 5200[L] = 5.2[m^3]$

답 5.2 [m³]

해설

(1) 계산과정

$Q = N[개] \times 130[L/min]$
$= 2[개] \times 130[L/min] = 260[L/min]$

(여기서 N : 옥내소화전 설치 개수가 가장 많은 층의 설치 개수 [2 이상 설치된 경우 2개])

$D = \sqrt{\dfrac{4Q}{\pi V}} = \sqrt{\dfrac{4 \times \dfrac{0.26}{60}[m^3/s]}{\pi \times 4[m/s]}} = 0.03714[m] = 37.14[mm] \rightarrow 50[mm]$

(옥내소화전 주배관 중 수직 배관의 구경은 50 [mm] 이상으로 해야 함)

답 50 [A]

(2) 계산과정

H = 25 [m] + 10 [m] + 17 [m] = 52 [m]

펌프의 체절압력은 정격토출압(정격양정)의 140 [%]를 초과하지 않아야 하므로

최대 $52[m] \times 1.4 = 72.8[m] \rightarrow 72.8[m] \times \dfrac{101.325[kPa]}{10.332[mAq]} = 713.943 ≒ 713.94[kPa]$

답 713.94 [kPa]

(3) 계산과정

① 정격토출량 : $260[L/min]$
② 유량계 최대유량측정값 : $260[L/min] \times 1.75 = 455[L/min]$

∴ 정격토출량 260 [L/min]에서 최대유량측정값 455 [L/min]까지 측정할 수 있는 유량계의 호칭구경은 40 [A], 50 [A]이다.
문제에서 '최소 호칭구경'을 답하라고 하였기 때문에 답은 40 [A]이다.

답 40 [A]

(4) 계산과정

펌프의 성능은 정격토출량의 150 [%]로 운전할 때 정격토출압력의 65 [%] 이상이 되어야 하므로
∴ 52 [m] × 0.65 = 33.8 [m]

답 33.8 [m]

(5) 계산과정

$$\therefore Q = N[개] \times 130[L/\min] \times 20[\min]$$
$$= 2[개] \times 130[L/\min] \times 20[\min] = 5200[L] = 5.2[m^3]$$

답 5.2 [m³]

부분점수

문항	부분점수	세부기준
(1) ~ (5)	각 1점	계산과정과 정답을 모두 맞힌 경우 득점

15

배점 4점

유체역학 - 상사법칙 계산문제

정답

(1) 계산과정

$$Q_2 = \left(\frac{1170}{1770}\right)^1 \times \left(\frac{200}{150}\right)^3 \times 4000 = 6267.419 ≒ 6267.42 \,[L/\min]$$

답 6267.42 [L/min]

(2) 계산과정

$$H_2 = \left(\frac{1170}{1770}\right)^2 \times \left(\frac{200}{150}\right)^2 \times 50 = 38.839 ≒ 38.84 \,[m]$$

답 38.84 [m]

해설

(1) 계산과정

서로 다른 치수의 펌프를 비교(상사)했을 때

유량 $[m^3/s]$ $Q_2 = \left(\frac{N_2}{N_1}\right)^1 \times \left(\frac{D_2}{D_1}\right)^3 \times Q_1$

양정(압력)[m] $H_2 = \left(\frac{N_2}{N_1}\right)^2 \times \left(\frac{D_2}{D_1}\right)^2 \times H_1$

동력 [kW] $L_2 = \left(\frac{N_2}{N_1}\right)^3 \times \left(\frac{D_2}{D_1}\right)^5 \times L_1$

$$Q_2 = \left(\frac{N_2}{N_1}\right)^1 \times \left(\frac{D_2}{D_1}\right)^3 \times Q_1 = \left(\frac{1170}{1770}\right)^1 \times \left(\frac{200}{150}\right)^3 \times 4000 = 6267.419 ≒ 6267.42 \,[L/\min]$$

답 6267.42 [L/min]

(2) 계산과정

$$H_2 = \left(\frac{N_2}{N_1}\right)^2 \times \left(\frac{D_2}{D_1}\right)^2 \times H_1 = \left(\frac{1170}{1770}\right)^2 \times \left(\frac{200}{150}\right)^2 \times 50 = 38.839 ≒ 38.84 \,[m]$$

답 38.84 [m]

부분점수

문항	부분점수	세부기준
(1), (2)	각 2점	계산과정과 정답을 모두 맞힌 경우 득점

16

배점 7점

유체역학 – 플랜지볼트에 작용하는 힘(노즐의 반발력) 계산문제

정답

(1) 계산과정

$$V_{1(호스)} = \frac{4 \times \frac{1.5}{60}}{\pi \times 0.1^2} = 3.183 ≒ 3.18\,[m/s]$$

답 3.18 [m/s]

(2) 계산과정

$$V_{2(노즐)} = \frac{4 \times \frac{1.5}{60}}{\pi \times 0.03^2} = 35.367 ≒ 35.37\,[m/s]$$

답 35.37 [m/s]

(3) 계산과정

〈풀이 1〉

$$\frac{P_1}{\gamma} + \frac{V_1^2}{2g} + Z_1 = \frac{P_2}{\gamma} + \frac{V_2^2}{2g} + Z_2 \;(Z_1 = Z_2, P_2 = 0)$$

$$\frac{P_1}{9800} + \frac{(3.18)^2}{2 \times 9.8} = \frac{(35.37)^2}{2 \times 9.8}$$

$$\therefore P_1 = 620462.25\,[Pa]$$

$$F_x = \left(620462.25 \times \frac{\pi \times 0.1^2}{4}\right) - \left\{1000 \times \frac{1.5}{60} \times (35.37 - 3.18)\right\} = 4068.349 ≒ 4068.35\,[N]$$

답 4068.35 [N]

⟨풀이 2⟩

$$F_x = \frac{\gamma \times A_1 \times Q^2}{2g}\left(\frac{A_1 - A_2}{A_1 A_2}\right)^2$$

$$= \frac{9800 \times \frac{\pi \times 0.1^2}{4} \times \left(\frac{1.5}{60}\right)^2}{2 \times 9.8} \times \left(\frac{\frac{\pi \times 0.1^2}{4} - \frac{\pi \times 0.03^2}{4}}{\frac{\pi \times 0.1^2}{4} \times \frac{\pi \times 0.03^2}{4}}\right)^2 = 4067.784 ≒ 4067.78$$

답 **4067.78 [N]**

※ ⟨풀이 1⟩에 의한 답(4068.35 [N])과 ⟨풀이 2⟩에 의한 답(4067.78 [N]) 모두 정답이다.
⟨풀이 1⟩에서 중간 계산과정 중 발생하는 반올림 과정으로 인하여 ⟨풀이 2⟩에 의한 답과 달라진다.

핵심내용 운동량 방정식의 응용(노즐의 반발력)

1) 노즐의 반발력, 반동력(= 플랜지 볼트에 작용하는 힘) ★★

$$F[N] = P_1 \times A_1 - \rho \times Q \times \Delta V = \frac{\gamma \times A_1 \times Q^2}{2g}\left(\frac{A_1 - A_2}{A_1 A_2}\right)^2$$

F : 노즐의 반발력, 반동력 [N]
P_1 : 호스에서 압력 [Pa]
A_1 : 호스의 단면적 [m^2]
A_2 : 노즐의 단면적 [m^2]
ρ : 유체의 밀도 [kg/m^3] (물 : 1000 [kg/m^3])
γ : 유체의 비중량 [N/m^3] (물 : 9800 [N/m^3])
Q : 방수량 [m^3/s]
△V : 호스와 노즐의 유속 차 [m/s]

2) 운동량에 의한 노즐의 반발력, 반동력 ★

$$F[N] = \rho \times Q \times \Delta V$$

F : 운동량에 의한 노즐의 반발력, 반동력 [N]
ρ : 유체의 밀도 [kg/m^3] (물 : 1000 [kg/m^3])
Q : 방수량 [m^3/s]
△V : 호스와 노즐의 유속 차 [m/s]

3) 노즐 구경 D [mm]와 방수압 P [MPa]이 주어진 경우 노즐의 반발력

$$F[N] = 1.57 \times D^2[mm^2] \times P[MPa]$$

F : 노즐의 반발력, 반동력 [N]
D : 노즐 구경 [mm]
P : 방수압 [MPa]

해설

(1) 계산과정 : $V_{1(호스)} = \dfrac{4Q}{\pi D^2} = \dfrac{4 \times \dfrac{1.5}{60}}{\pi \times 0.1^2} = 3.183 ≒ 3.18[m/s]$ **답** 3.18 [m/s]

(2) 계산과정 : $V_{2(노즐)} = \dfrac{4Q}{\pi D^2} = \dfrac{4 \times \dfrac{1.5}{60}}{\pi \times 0.03^2} = 35.367 ≒ 35.37[m/s]$ **답** 35.37 [m/s]

(3) 계산과정

〈풀이 1〉

$$\dfrac{P_1}{\gamma} + \dfrac{V_1^2}{2g} + Z_1 = \dfrac{P_2}{\gamma} + \dfrac{V_2^2}{2g} + Z_2 \quad (Z_1 = Z_2,\ P_2 = 0)$$

$$\dfrac{P_1[\text{Pa}]}{9800[\text{N/m}^3]} + \dfrac{(3.18[\text{m/s}])^2}{2 \times 9.8[\text{m/s}^2]} = \dfrac{(35.37[\text{m/s}])^2}{2 \times 9.8[\text{m/s}^2]}$$

$\therefore P_1 = 620462.25[\text{Pa}]$

$F_x[\text{N}] = P_1[\text{Pa}] \times A_1[\text{m}^2] - \rho[\text{kg/m}^3] \times Q[\text{m}^3/\text{s}] \times \Delta V[\text{m/s}]$

$= \left(620462.25[Pa] \times \dfrac{\pi \times 0.1^2}{4}[m^2]\right) - \left\{1000[kg/m^3] \times \dfrac{1.5}{60}[m^3/s] \times (35.37 - 3.18)[m/s]\right\}$

$= 4068.349 ≒ 4068.35[\text{N}]$

※ 참고

물의 밀도 : $1000[kg/m^3] = 1000[N \cdot s^2/m^4]$ **답** 4068.35 [N]

〈풀이 2〉

$F_x = \dfrac{\gamma \times A_1 \times Q^2}{2g}\left(\dfrac{A_1 - A_2}{A_1 A_2}\right)^2$

$= \dfrac{9800 \times \dfrac{\pi \times 0.1^2}{4} \times \left(\dfrac{1.5}{60}\right)^2}{2 \times 9.8} \times \left(\dfrac{\dfrac{\pi \times 0.1^2}{4} - \dfrac{\pi \times 0.03^2}{4}}{\dfrac{\pi \times 0.1^2}{4} \times \dfrac{\pi \times 0.03^2}{4}}\right)^2 = 4067.784 ≒ 4067.78$

답 4067.78 [N]

※ 〈풀이 1〉에 의한 답(4068.35 [N])과 〈풀이 2〉에 의한 답(4067.78 [N]) 모두 정답이다.
〈풀이 1〉에서 중간 계산과정 중 발생하는 반올림 과정으로 인하여 〈풀이 2〉에 의한 답과 달라진다.

부분점수

문항	부분점수	세부기준
(1)	2점	계산과정과 정답을 모두 맞힌 경우 득점
(2)	2점	계산과정과 정답을 모두 맞힌 경우 득점
(3)	3점	계산과정과 정답을 모두 맞힌 경우 득점

소방설비기사 실기 모의고사 정답 및 해설

기계분야

2회

● 부분점수 채점 기준은 한국산업인력관리공단에서 공식적으로 공개하지 않아 정확히 알 수 없으나, 채점위원으로 활동하셨던 교수님 및 기타 다양한 경로를 통해 얻은 정보를 분석하여 자체적으로 수립한 기준입니다. 따라서 모의고사에서 제시하는 부분점수 채점 기준이 실제 채점 결과에 대한 불복 청구 등의 법적 근거자료로 활용될 수 없음을 알려드립니다. 또한 부분점수 채점 기준에 대한 질문은 별도 답변을 하지 않습니다. 이 점 학습에 참고 바랍니다.

소방설비기사 기계분야 모의고사 2회 [정답 및 해설]

01

배점 5점

유효흡입양정 계산문제

정답

(1) 계산과정

$$Q = 144[m^3/h] \times \frac{1000[L]}{1[m^3]} \times \frac{1[h]}{60[\min]} = 2400[L/\min]$$

$$\triangle H = 6 \times 10^6 \times \frac{2400^2}{120^2 \times 125^5} \times (10+15) = 1.966 ≒ 1.97[m]$$

답 1.97 [m]

(2) 계산과정

$NPSH_{av} = 10.3 - 0.2 - 1.97 - 4 = 4.13\ [m]$

답 4.13 [m]

(3) 펌프 사용이 가능하다.

(4) ① 펌프의 설치 높이를 될 수 있는 대로 낮추어 흡입 양정을 짧게 한다.
② 흡입 배관 관경을 크게 하여 유속을 낮춘다.
③ 회전 속도를 낮추어 흡입 속도를 줄인다.
④ 양흡입 펌프를 사용한다.
⑤ 흡입 손실 수두를 줄인다(흡입관을 단순 직관화하여 마찰 손실을 줄인다).
위 5가지 중 2가지 기술할 것

해설

(1) $\triangle H = 6 \times 10^6 \times \dfrac{Q^2}{120^2 \times d^5} \times L$

여기서, L : 직관길이 + 상당길이
① 직관길이 = 4 + 10 - 2 - 2 = 10 [m](∵ 관부속품을 제외한 직관 길이의 합을 구해야 하므로)
② 상당길이 = 15 [m](∵ 조건 ①에 의해서)

$$Q = 144[m^3/h] \times \frac{1000[L]}{1[m^3]} \times \frac{1[h]}{60[\min]} = 2400[L/\min]$$

$$\triangle H = 6 \times 10^6 \times \frac{2400^2}{120^2 \times 125^5} \times (10+15) = 1.966 ≒ 1.97[m]$$

※ 문제 풀이 시 유의사항
이 문제는 그림상 밸브 및 스트레이너의 실제 길이가 주어진 것에 초점을 맞추어 풀어야 한다.
직관길이는 관부속품을 제외한 실제 직관의 길이만 구해야 한다.

                         답 1.97 [m]

(2) $NPSH_{av} = H_a - H_v - H_f - H_s$ = 10.3 [m] - 0.2 [m] - 1.97 [m] - 4 [m] = 4.13 [m]

      여기서 H_a : 대기압 환산수두 [m], H_v : 포화수증기압 환산수두 [m],

             H_f : 마찰손실수두 [m], H_s : 흡입양정 [m]

                         답 4.13 [m]

(3) 판정 이유 : $NPSH_{av} > NPSH_{re}$ 이므로 공동현상이 발생하지 않는다. 따라서 펌프 사용이 가능하다.

                     답 펌프 사용이 가능하다.

(4)은 정답과 해설이 일치한다.

부분점수

문항	부분점수	세부기준
(1)	1점	계산과정과 정답을 모두 맞힌 경우 득점
(2)	1점	계산과정과 정답을 모두 맞힌 경우 득점
(3)	1점	정답을 맞힌 경우 득점
(4)	2점	1개 틀렸을 경우 → 1점 득점 2개 틀렸을 경우 → 0점 득점

02

배점 12점

스프링클러설비 계산문제

정답

(1)

구간	관경	유량	등가 관장길이 [m]	마찰손실 수두 [m]
G - H	50 [A]	800 [L/min] (헤드 10개)	• 계산과정 3 + 3 + 1.2 = 7.2 [m] • 답 ∴ 등가 관장길이 [m] : 7.2 [m]	• 계산과정 $7.2[m] \times \dfrac{86.04[m]}{100[m]}$ = 6.194 ≒ 6.19[m] • 답 : 6.19[m]
E - G	40 [A]	400 [L/min] (헤드 5개)	• 계산과정 3.1 + 1.5 + 2.1 + 0.9 = 7.6 [m] • 답 ∴ 등가 관장길이 [m] : 7.6 [m]	• 계산과정 $7.6[m] \times \dfrac{79.15[m]}{100[m]}$ = 6.015 ≒ 6.02[m] • 답 : 6.02[m]
D - E	32 [A]	240 [L/min] (헤드 3개)	• 계산과정 1.5 + 1.8 + 0.72 = 4.02 [m] • 답 ∴ 등가 관장길이 [m] : 4.02 [m]	• 계산과정 $4.02[m] \times \dfrac{63.53[m]}{100[m]}$ = 2.553 ≒ 2.55[m] • 답 : 2.55[m]
C - D	25 [A]	160 [L/min] (헤드 2개)	• 계산과정 2 + 1.5 = 3.5 [m] • 답 ∴ 등가 관장길이 [m] : 3.5 [m]	• 계산과정 $3.5[m] \times \dfrac{109.76[m]}{100[m]}$ = 3.841 ≒ 3.84[m] • 답 : 3.84[m]
A - C	25 [A]	80 [L/min] (헤드 1개)	• 계산과정 (2 + 0.1 + 0.1 + 0.3) + (0.9 × 3) + 0.54 = 5.74 [m] • 답 ∴ 등가 관장길이 [m] : 5.74 [m]	• 계산과정 $5.74[m] \times \dfrac{30.45[m]}{100[m]}$ = 1.747 ≒ 1.75[m] • 답 : 1.75[m]

A ~ H 구간 배관 마찰손실수두 [m]
- 계산과정 : 6.19 + 6.02 + 2.55 + 3.84 + 1.75 = 20.35
- 답 : 20.35 [m]

(2) 계산과정

0.35 - 0.2035 - (0.001 + 0.001 - 0.003) = 0.1475 ≒ 0.15 [MPa]

답 0.15 [MPa]

해설

(1) 계산과정

구간	관경	유량	등가 관장길이 [m]	마찰손실 수두 [m]

G - H	50 [A]	800 [L/min] (헤드 10개)	• 계산과정
			  - 직관길이 : 3 [m]
			  - 상당길이
			    ① 분류T 1개 : 3 [m]
			    ② 레듀셔(50 × 40) 1개 : 1.2 [m]
			• 답
			  ∴ 등가 관장길이 [m]
			  3 + 3 + 1.2 = 7.2 [m]
				• 계산과정
				$7.2[m] \times \dfrac{86.04[m]}{100[m]}$
				$= 6.194$
				$≒ 6.19[m]$
				
				• 답 : $6.19[m]$

E - G	40 [A]	400 [L/min] (헤드 5개)	• 계산과정
			  - 직관길이 : 0.1 + 3 = 3.1 [m]
			  - 상당길이
			    ① 90°엘보 1개 : 1.5 [m]
			    ② 분류T 1개 : 2.1 [m]
			    ③ 레듀셔(40 × 32) 1개 : 0.9 [m]
			• 답
			  ∴ 등가 관장길이 [m]
			  3.1 + 1.5 + 2.1 + 0.9 = 7.6 [m]
				• 계산과정
				$7.6[m] \times \dfrac{79.15[m]}{100[m]}$
				$= 6.015$
				$≒ 6.02[m]$
				
				• 답 : $6.02[m]$

구간	관경	유량	등가 관장길이 [m]	마찰손실 수두 [m]

D - E	32 [A]	240 [L/min] (헤드 3개)	• 계산과정
			  - 직관길이 : 1.5 [m]
			  - 상당길이
			    ① 분류T 1개 : 1.8 [m]
			    ② 레듀셔(32 × 25) 1개 : 0.72 [m]
			• 답
			  ∴ 등가 관장길이 [m]
			    1.5 + 1.8 + 0.72 = 4.02 [m]
				• 계산과정
				$4.02[m] \times \dfrac{63.53[m]}{100[m]}$
				$= 2.553$
				$\fallingdotseq 2.55[m]$
				
				• 답 : $2.55[m]$

C - D	25 [A]	160 [L/min] (헤드 2개)	• 계산과정
			  - 직관길이 : 2 [m]
			  - 상당길이
			    ① 분류T 1개 : 1.5 [m]
			• 답
			  ∴ 등가 관장길이 [m]
			    2 + 1.5 = 3.5 [m]
				• 계산과정
				$3.5[m] \times \dfrac{109.76[m]}{100[m]}$
				$= 3.841$
				$\fallingdotseq 3.84[m]$
				
				• 답 : $3.84[m]$

구간	관경	유량	등가 관장길이 [m]	마찰손실 수두 [m]

A - C	25 [A]	80 [L/min] (헤드 1개)	• 계산과정
			 - 직관길이 : 2 + 0.1 + 0.1 + 0.3
			    = 2.5 [m]
			 - 상당길이
			   ① 90°엘보 3개 : 3 × 0.9 = 2.7 [m]
			   ② 레듀셔(25 × 15) 1개 : 0.54 [m]
			• 답
			∴ 등가 관장길이 [m]
			   2.5 + 2.7 + 0.54 = 5.74 [m]
				• 계산과정
				$5.74[m] \times \dfrac{30.45[m]}{100[m]}$
				= 1.747
				≒ 1.75[m]
				
				• 답 : 1.75[m]

A ~ H 구간 배관 마찰손실수두 [m]
- 계산과정 : 6.19 + 6.02 + 2.55 + 3.84 + 1.75 = 20.35
- 답 : 20.35 [m]

(2) A점에서의 방사압력

= H점에서의 압력 - H점과 A점 사이 마찰손실압력 - 낙차압

= 0.35 - 0.2035 - (0.001 + 0.001 - 0.003)

= 0.1475 ≒ 0.15 [MPa]

답 0.15 [MPa]

부분점수

문항	부분점수	세부기준
(1)	11점	등가관장길이 [m], 마찰손실수두 [m], A ~ H 구간 배관 마찰손실수두 [m]를 모두 맞혀야 11점 득점(표 한 칸당 1점으로 점수 산정한다) 여기서, • 등가관장길이 [m] 1개 틀렸을 경우 → 1점 감점 • 마찰손실수두 [m] 1개 틀렸을 경우 → 1점 감점 • A ~ H 구간 배관 마찰손실수두 [m]가 틀렸을 경우 → 1점 감점
(2)	1점	계산과정과 정답을 모두 맞힌 경우 득점

03

배점 3점

스프링클러설비 장방형 배치 계산문제

> 정답

(1) 계산과정

① $S_{짧은 변} = 2 \times 1.7 \times \sin 30 = 1.7$

② $S_{긴 변} = 2 \times 1.7 \times \sin 60 = 2.944$

③ 가로 열에 설치할 헤드 수 : $= \dfrac{14.4}{1.7} = 8.47 ≒ 9$개

④ 세로 열에 설치할 헤드 수 : $= \dfrac{12}{2.944} = 4.076 ≒ 5$개

∴ N = 9 × 5 = 45개

답 45개

> 해설

(1) 계산과정

[설치장소별 수평거리 R]

설치장소	수평거리(R)
• 특수가연물을 저장 또는 취급하는 장소 • 무대부	1.7 [m] 이하
• 기타구조 • 라지드롭형 스프링클러헤드를 설치하는 창고 (단, ① 특수가연물을 저장 또는 취급하는 창고 : 1.7 [m] 이하, ② 내화구조로 된 창고 : 2.3 [m] 이하)	2.1 [m] 이하
• 내화구조	2.3 [m] 이하
• 아파트등의 세대 내	2.6 [m] 이하

[참고] 공동주택의 화재안전성능기준(NFPC 608)·화재안전기술기준(NFTC 608), 창고시설의 화재안전성능기준(NFPC 609)·화재안전기술기준(NFTC 609)이 2024.1.1.에 시행

암기 특수 무기 창 내아

R(수평거리) = 1.7 [m]

① $S_{짧은 변}$(헤드 간 거리) $= 2R\sin(\theta_{작은}) = 2 \times 1.7 \times \sin 30 = 1.7 [m]$

② $S_{긴 변}$(헤드 간 거리) $= 2R\sin(\theta_{큰}) = 2 \times 1.7 \times \sin 60 = 2.944 [m]$

③ 가로 열에 설치할 헤드 수 : $\dfrac{가로변 길이}{S_{짧은 변}} = \dfrac{14.4 [m]}{1.7 [m/개]} = 8.47 ≒ 9$개

④ 세로 열에 설치할 헤드 수 : $\dfrac{세로변 길이}{S_{긴 변}} = \dfrac{12 [m]}{2.944 [m/개]} = 4.076 ≒ 5$개

∴ 설치 가능한 헤드의 최소 개수 : 9 × 5 = 45개

답 45개

> 핵심이론 | 스프링클러 헤드를 장방형 배치할 때 헤드 간 거리

헤드 간 거리 $S_{긴변}, S_{짧은변}$
① $S_{긴변} = 2R\sin(\theta_{큰})$
② $S_{짧은변} = 2R\sin(\theta_{작은})$

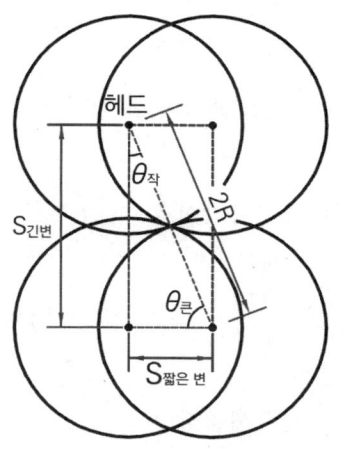

> 부분점수 없음

04
배점 13점

이산화탄소소화설비 계산문제

> 정답

(1) ① 통신기기실
  • 계산과정
    V = 12 × 10 × 3 = 360
    ∴ W = 360 × 1.3 = 468 [kg]
    순도를 고려한 약제량 = $\dfrac{468}{0.995}$ = 470.35 [kg]

   답 470.35 [kg]

② 전자제품창고
  • 계산과정
    V = 20 × 10 × 3 = 600
    ∴ W = (600 × 2) + (2 × 2) × 10 = 1240 [kg]
    순도를 고려한 약제량 = $\dfrac{1240}{0.995}$ = 1246.23 [kg]

   답 1246.23 [kg]

③ 위험물저장창고
- 계산과정

    W = (5 × 5) × 13 × 1.4 = 455 [kg]

    순도를 고려한 약제량 = $\dfrac{455}{0.995}$ = 457.29 [kg]

    답 457.29 [kg]

(2) ① 통신기기실
- 계산과정

    $\dfrac{470.35}{45}$ = 10.45 ≒ 11병

    답 11병

② 전자제품창고
- 계산과정

    $\dfrac{1246.23}{45}$ = 27.69 ≒ 28병

    답 28병

③ 위험물저장창고
- 계산과정

    $\dfrac{457.29}{45}$ = 10.16 ≒ 11병

    답 11병

(3) 2.1 [MPa] 이상

(4)

	표면화재	심부화재
방출시간	(① 1분) 이내	(② 7분) 이내 (이 경우 설계농도가 2분 이내에 30 [%]에 도달해야 한다)

(5) 계산과정

   분구면적 = $\dfrac{11 \times 45}{1.3 \times 7 \times 14}$ = 3.89 [mm²]

   답 3.89 [mm²]

(6) 25 [MPa]

(7) 계산과정

   $V = \dfrac{(28 \times 45 \times 0.995) \times 8.314 \times (273 + 25)}{101.325 \times 44}$ = 696.71 [m³]

   답 696.71 [m³]

(8)

강관을 사용하는 경우의 배관은 압력배관용 탄소강관(KS D 3562) 중 스케줄 (① 80) 이상의 것 또는 이와 동등 이상의 강도를 가진 것으로 (② 아연도금) 등으로 방식 처리된 것을 사용할 것. 다만 배관의 호칭구경이 20 [mm] 이하인 경우에는 스케줄 40 이상인 것을 사용할 수 있다.

해설

(1)

| 참고 | 이산화탄소소화설비 전역방출방식 심부화재 약제량 산정 |

$W = (V \times \alpha) + (A \times \beta)$

W : 약제량 [kg], V : 방호구역체적 [m³], α : 체적계수 [kg/m³]
A : 개구부면적 [m²], β : 면적계수(심부화재 : 10 [kg/m²])

방호대상물	방호구역 1 [m³]에 대한 소화약제의 양	설계 농도[%]	개구부 가산량 [kg/m²] (자동폐쇄장치 미설치 시)
유압기기를 제외한 전기설비, 케이블실	1.3 [kg/m³]	50	10 [kg/m²]
체적 55 [m³] 미만의 전기설비	1.6 [kg/m³]	50	
서고, 전자제품창고, 목재가공품 창고, 박물관 ☆암기 서, 전, 목, 박	2.0 [kg/m³]	65	
고무류, 모피창고, 집진설비, 석탄창고, 면화류 창고 ☆암기 고, 모, 집, 석, 면	2.7 [kg/m³]	75	

※ $W = (V \times \alpha) + (A \times \beta)$ 식을 통해 산출한 약제량 W [kg]은 불순물이 전혀 없는 "순수 이산화탄소에 대한 약제량"이다. 그러나 조건에서 "CO_2는 순도 99.5 [%]"라고 하였기 때문에 각 실에 필요한 약제량을 구할 때는 불순물이 포함된 CO_2의 약제량을 구해야 한다.

① $V = 12 \times 10 \times 3 = 360$ [m³]
∴ $W = 360$ [m³] × 1.3 [kg/m³] = 468 [kg]

순도를 고려한 약제량 = $\dfrac{468}{0.995} = 470.35 [kg]$

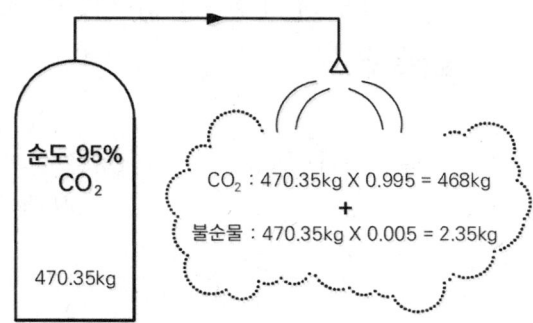

② V = 20 × 10 × 3 = 600 [m³]

∴ W = (600 [m³] × 2 [kg/m³]) + ((2 × 2)[m²] × 10 [kg/m²]) = 1240 [kg]

순도를 고려한 약제량 = $\dfrac{1240}{0.995}$ = 1246.23[kg]

③ 이산화탄소소화설비 국소방출방식 약제량 산정(윗면이 개방된 용기에 저장하는 경우와 화재 시 연소면이 한정되고 가연물이 비산할 우려가 없는 경우)

W(약제량) = A[m²] × 13 [kg/m²] × 할증계수 [h]

A = 5 × 5 = 25 [m²]

∴ W = 25 [m²] × 13 [kg/m²] × 1.4(고압식) = 455 [kg]

순도를 고려한 약제량 = $\dfrac{455}{0.995}$ = 457.29[kg]

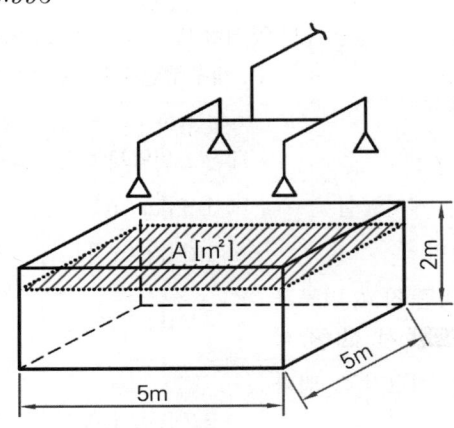

[위험물저장창고의 개방된 용기]

답 ① 470.35 [kg], ② 1246.23 [kg], ③ 457.29 [kg]

(2) ① $\dfrac{470.35[kg]}{45[kg/병]}$ = 10.45병 ≒ 11병

② $\dfrac{1246.23[kg]}{45[kg/병]}$ = 27.69병 ≒ 28병

③ $\dfrac{457.29[kg]}{45[kg/병]}$ = 10.16병 ≒ 11병

답 ① 11병, ② 28병, ③ 11병

(3) 분사헤드의 방출압력이 2.1 [MPa](저압식은 1.05 [MPa]) 이상의 것으로 할 것

(4)

	표면화재	심부화재
방출시간	(① 1분) 이내	(② 7분) 이내 (이 경우 설계농도가 2분 이내에 30 [%]에 도달해야 한다)

(5) 분구면적 [mm²] = $\dfrac{11병 \times 45[kg/병]}{1.3[kg/mm^2 \cdot min \cdot 개] \times 7[min] \times 14개}$ = 3.89[mm²]   **답** 3.89 [mm²]

(6) 저장용기는 고압식은 25 [MPa] 이상, 저압식은 3.5 [MPa] 이상의 내압시험압력에 합격한 것으로 할 것

(7) 이상기체상태방정식 $PV = \dfrac{W}{M}RT$

$$V = \dfrac{WRT}{PM}$$

$$= \dfrac{(28[병] \times 45[kg/병] \times 0.995)[kg] \times 8.314[kJ/kmol \cdot K] \times (273+25)[K]}{101.325[kPa] \times 44[kg/kmol]}$$

$$= 696.71 [m^3]$$

답 696.71 [m³]

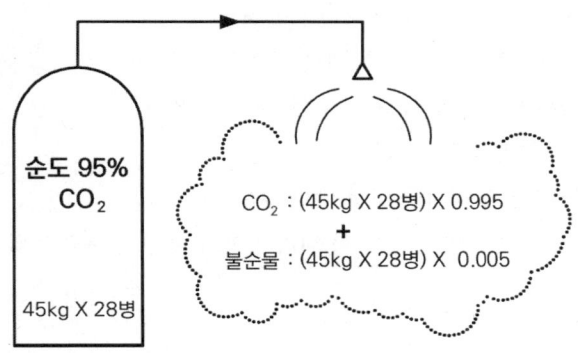

※ 문제에서 요구한 "약제가 모두 분사되었을 때 CO_2의 체적"은 불순물을 제외한 "순수 이산화탄소에 대한 약제량의 체적"이다. 따라서 불순물이 섞여있는 약제용기 내 약제량의 체적을 구하는 것이 아니라, 저장된 약제량의 99.5 [%]인 순수 이산화탄소"를 구해야 함을 유의한다.

(8)은 정답과 해설이 일치한다.

| 핵심이론 | 이상기체 상태방정식 |

$$PV = nRT = \dfrac{W}{M}RT$$

P : 절대압력 [kPa],   V : 부피 [m³]
W : 질량 [kg],   n : 몰수 [kmol]
T : 절대온도 [K],
M : 분자량 [kg/kmol]
R : 일반기체상수 [kPa·m³/kmol·K]
= [kJ/kmol·K]

암기 일반기체상수 R = 0.082 [atm·m³/kmol·K] = 8.314 [kJ/kmol·K]

부분점수

문항	부분점수	세부기준
(1)	3점	• ①의 계산과정과 정답을 모두 맞힌 경우 1점 득점 / ②의 계산과정과 정답을 모두 맞힌 경우 1점 득점 • ③의 계산과정과 정답을 모두 맞힌 경우 1점 득점
(2)	3점	• ①의 계산과정과 정답을 모두 맞힌 경우 1점 득점 / ②의 계산과정과 정답을 모두 맞힌 경우 1점 득점 • ③의 계산과정과 정답을 모두 맞힌 경우 1점 득점
(3)	1점	정답을 맞힌 경우 득점
(4)	2점	• 정답을 모두 맞힌 경우 2점 득점 • 1개 맞히면 1점 득점 / 0개 맞히면 0점 득점
(5)	1점	계산과정과 정답을 모두 맞힌 경우 득점
(6)	1점	정답을 맞힌 경우 득점
(7)	1점	계산과정과 정답을 모두 맞힌 경우 득점
(8)	1점	정답을 모두 맞힌 경우 득점(각 괄호에 대한 부분점수 없음)

05

배점 5점

포소화설비 계산 문제

정답

(1) 계산과정

$$\frac{200}{8} = 25 개$$

답 25개

(2) 계산과정

$$25 \times 75 \times 10 \times 0.97 = 18187.5[L] = 18.19[m^3]$$

답 18.19 [m³]

(3) 계산과정

$$25 \times 75 \times 10 \times 0.03 = 562.5[L]$$

답 562.5 [L]

(4) 계산과정

$$25 \times 75 = 1875[L/min]$$

답 1875 [L/min]

(5) 계산과정

$$P = \frac{9.8 \times \frac{1.875}{60} \times 35}{0.65} \times 1.1 = 18.139 ≒ 18.14 [kW]$$

답 18.14 [kW]

해설

(1) 계산과정 : 헤드 개수 = $\frac{\text{바닥면적}[m^2]}{8[m^2/\text{개}]} = \frac{200[m^2]}{8[m^2/\text{개}]} = 25$개

| 참고 | 포소화설비의 화재안전기술기준(NFTC 105) - 2.9 포헤드 및 고정포방출구 |

2.9.2 포헤드는 다음의 기준에 따라 설치해야 한다.
2.9.2.1 포워터스프링클러헤드는 특정소방대상물의 천장 또는 반자에 설치하되, 바닥면적 8 [m²]마다 1개 이상으로 하여 해당 방호대상물의 화재를 유효하게 소화할 수 있도록 할 것

답 25개

(2) 계산과정 : 포워터스프링클러설비의 수원량 산정

수원량 $= N[\text{개}] \times 75[L/\min] \times 10[\min] \times (1-S)$
$= 25[\text{개}] \times 75[L/\min] \times 10[\min] \times 0.97 = 18187.5[L] = 18.19[m^3]$

| 참고 | 포소화설비의 화재안전기술기준(NFTC 105) - 2.3 가압송수장치 |

2.3.5 가압송수장치는 다음 표 2.3.5에 따른 표준방사량을 방사할 수 있도록 해야 한다.

[표 2.3.5 가압송수장치의 표준방사량]

구분	표준방사량
포워터스프링클러헤드	75 [L/min] 이상
포헤드 · 고정포방출구 또는 이동식포노즐 · 압축공기포헤드	각 포헤드 · 고정포방출구 또는 이동식포노즐의 설계압력에 따라 방출되는 소화약제의 양

답 18.19 [m³]

(3) 계산과정 : 약제량 $= N[\text{개}] \times 75[L/\min] \times 10[\min] \times S$
$= 25[\text{개}] \times 75[L/\min] \times 10[\min] \times 0.03 = 562.5[L]$

답 562.5 [L]

(4) 계산과정 : $25[\text{개}] \times 75[L/\min] = 1875[L/\min]$

답 1875 [L/min]

(5) 계산과정

$$P[kW] = \frac{\gamma QH}{\eta} \times K = \frac{9.8[kN/m^3] \times \frac{1.875}{60}[m^3/s] \times 35[m]}{0.65} \times 1.1 = 18.139 ≒ 18.14[kW]$$

답 18.14 [kW]

부분점수

문항	부분점수	세부기준
(1) ~ (5)	각 1점	계산과정과 정답을 모두 맞힌 경우 득점

06
배점 10점

연결송수관설비 단답형 문제

정답

(1) ① 높이 : 70 [m] 이상
　② 설치 이유 : 건물 높이가 높은 경우 소방차의 수압만으로는 규정 방사압력(0.35 [MPa] 이상)을 유지하기 어려우므로 가압송수장치를 설치해야 함

(2) 4000 [L/min]

(3) 1200 [L/min]

(4) ① 수원의 수위가 펌프의 위치보다 높은 경우
　② 수직회전축펌프를 설치하는 경우

(5) 0.35 [MPa]

(6)
　(1) (① 아파트)의 용도로 사용되는 층
　(2) (② 스프링클러설비)가 유효하게 설치되어 있고, 방수구가 (③ 2)개소 이상 설치된 층

해설

(1) ① 높이 : 70 [m] 이상
　② 설치 이유 : 건물 높이가 높은 경우 소방차의 수압만으로는 규정 방사압력(0.35 [MPa] 이상)을 유지하기 어려우므로 가압송수장치를 설치해야 함

(2) 2400 + (800 × 2) = 4000 [L/min]

※ 펌프의 토출량은 2400 [L/min] 이상 되는 것으로 할 것
　다만 해당 층에 설치된 방수구가 3개를 초과하는 것(방수구가 5개 이상인 경우에는 5개)에 있어서는 1개마다 800 [L/min]을 가산한 양이 되는 것으로 할 것

　　답 4000 [L/min]

(3) 1200 [L/min](해당 층에 설치된 방수구가 3개 이하이고, 계단식 아파트의 경우 1200 [L/min])

　　답 1200 [L/min]

(4), (5), (6)은 정답과 해설이 일치한다.

핵심이론 연결송수관설비의 화재안전기술기준(NFTC 502)

2.5.1.7 펌프의 토출량은 2400 [L/min](계단식 아파트의 경우에는 1200 [L/min]) 이상이 되는 것으로 할 것. 다만 해당 층에 설치된 방수구가 3개를 초과(방수구가 5개 이상인 경우에는 5개)하는 것에 있어서는 1개마다 800 [L/min](계단식 아파트의 경우에는 400 [L/min])를 가산한 양이 되는 것으로 할 것

2.5.1.8 펌프의 양정은 최상층에 설치된 노즐선단의 압력이 0.35 [MPa] 이상의 압력이 되도록 할 것

구분 \ 층당 방수구	1개 ~ 3개 이하	4개	5개 이상
일반건축물	2400 [L/min] 이상	3200 [L/min] 이상	4000 [L/min] 이상
계단식 아파트	1200 [L/min] 이상	1600 [L/min] 이상	2000 [L/min] 이상

부분점수

문항	부분점수	세부기준
(1)	2점	높이와 설치 이유 모두 맞힌 경우 2점 득점 • 높이만 맞힌 경우 1점 득점 • 설치 이유만 맞힌 경우 1점 득점
(2)	1점	정답을 맞힌 경우 득점
(3)	1점	정답을 맞힌 경우 득점
(4)	2점	• 1개 틀렸을 경우 → 1점 득점 • 2개 틀렸을 경우 → 0점 득점
(5)	1점	정답을 맞힌 경우 득점
(6)	3점	①, ②, ③번 각 1점으로 점수 산정

07 배점 10점

제연설비 계산문제

정답

(1) 계산과정

실의 바닥면적 $A = 28[m] \times 32[m] = 896[m^2]$

예상제연구역의 대각선 길이 : $\sqrt{28^2 + 32^2} = 42.520 ≒ 42.52[m]$

∴ 배출량 = 45000 $[m^3/hr]$

답 45000 [m³/hr]

(2) 계산과정

　　㉠ 배출구 간의 거리 $S = 2R\cos 45° = 2 \times 10 \times \cos 45° = 14.142 ≒ 14.14 [m]$

　　㉡ 가로 변에 설치할 배출구 수 : $\dfrac{28}{14.14} = 1.98 → 2개$

　　㉢ 세로 변에 설치할 배출구 수 : $\dfrac{32}{14.14} = 2.26 → 3개$

　　∴ 전체 배출구의 설치 개수 $= 2 \times 3 = 6개$

　　　　　　　　　　　　　　　　　　　　　　　　　　　　답 6개

(3) 배출구 1개당 설계 배출량

$$\dfrac{45000}{6} = 7500 [m^3/hr]$$

　　　　　　　　　　　　　　　　　　　　　　　　　　답 7500 [m³/hr]

(4) 제연설비의 성능확인

　① 배출구별 배출량

　　　$7500 \times 0.6 = 4500 [m^3/hr]$

　　　　　　　　　　　　　　　　　　　　　　　　　　답 4500 [m³/hr]

　② 해당 제연구역 배출구의 배출량 합계

　　　　　　　　　　　　　　　　　　　　　　　　　답 45000 [m³/hr]

해설

(1) ① 무도회장의 최소 배출량

　　실의 바닥면적 $A = 28[m] \times 32[m] = 896[m^2](→ 400 [m^2]$ 이상인 거실)

　　예상제연구역의 대각선 길이 : $\sqrt{28^2 + 32^2} = 42.520 ≒ 42.52[m]$

　　예상제연구역이 직경 40 [m]인 원의 범위를 초과하므로 배출량은 45000 [m³/hr]

　　　　　　　　　　　　　　　　　　　　　　　　　답 45000 [m³/hr]

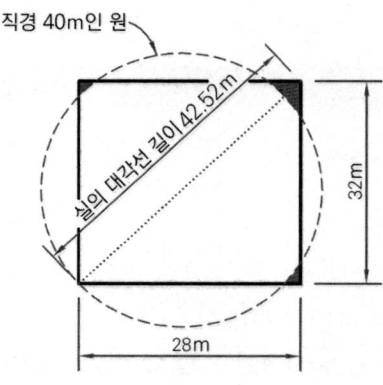

> **참고** 바닥면적 400 [m²] 이상인 거실의 예상제연구역의 배출량

1. 예상제연구역이 직경 40 [m]인 원의 범위 안에 있을 경우
   배출량 40000 [m³/hr] 이상
   다만 예상제연구역이 제연경계로 구획된 경우에는 그 수직거리에 따른 배출량으로 산정

수직거리	배출량
2 [m] 이하	40000 [m³/hr] 이상
2 [m] 초과 2.5 [m] 이하	45000 [m³/hr] 이상
2.5 [m] 초과 3 [m] 이하	50000 [m³/hr] 이상
3 [m] 초과	60000 [m³/hr] 이상

2. 예상제연구역이 직경 40 [m]인 원의 범위를 초과할 경우 배출량 45000 [m³/hr] 이상
   다만 예상제연구역이 제연경계로 구획된 경우에는 그 수직거리에 따른 배출량으로 산정

수직거리	배출량
2 [m] 이하	45000 [m³/hr] 이상
2 [m] 초과 2.5 [m] 이하	50000 [m³/hr] 이상
2.5 [m] 초과 3 [m] 이하	55000 [m³/hr] 이상
3 [m] 초과	65000 [m³/hr] 이상

(2) 배출구의 최소 설치 수량

> **제연설비의 화재안전기술기준(NFTC 501)**
> 2.4.2 예상제연구역의 각 부분으로부터 하나의 배출구까지의 수평거리는 <u>10 [m] 이내</u>가 되도록 해야 한다.

$S = 2R\cos 45°$

① 배출구 간의 거리 $S = 2R\cos 45° = 2 \times 10[m] \times \cos 45° = 14.142 ≒ 14.14[m]$

② 가로 변에 설치할 배출구 수 : $\dfrac{28[m]}{14.14[m]} = 1.98 \rightarrow 2개$

③ 세로 변에 설치할 배출구 수 : $\dfrac{32[m]}{14.14[m]} = 2.26 \rightarrow 3$개

∴ 전체 배출구의 설치 개수 $= 2 \times 3 = 6$개

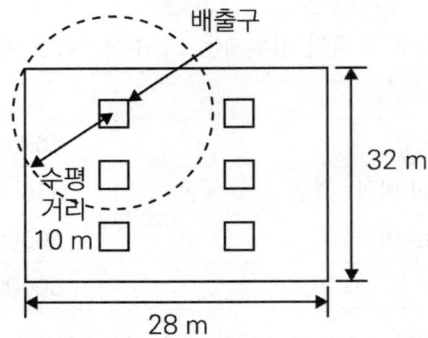

답 6개

(3) 배출구 1개당 설계 배출량

$$\dfrac{\text{제연구역의 전체 배출량}}{\text{배출구의 수}} = \dfrac{45000[m^3/hr]}{6[\text{개}]} = 7500[m^3/hr]$$

답 7500 [m³/hr]

(4) 제연설비의 성능확인

① 배출구별 배출량

배출구별 설계배출량 $\times 0.6 = 7500[m^3/hr] \times 0.6 = 4500[m^3/hr]$

답 4500 [m³/hr]

② 해당 제연구역 배출구의 배출량 합계

기준에 따른 설계배출량 이상이어야 하므로 45000 [m³/hr]

답 45000 [m³/hr]

> **참고** 제연설비의 화재안전기술기준(NFTC 501) - 2.10 성능확인 〈신설 2024.10.1.〉

2.10.1 제연설비는 설계목적에 적합한지 검토하고 제연설비의 성능과 관련된 건물의 모든 부분(건축설비를 포함한다)이 완성되는 시점에 맞추어 시험·측정 및 조정(이하 "시험 등"이라 한다)을 해야 한다.
2.10.2 제연설비의 시험 등은 다음 각 호의 기준에 따라 실시해야 한다.
2.10.2.1 송풍기 풍량 및 송풍기 모터의 전류, 전압을 측정할 것
2.10.2.2 제연설비 시험시에는 제연구역에 설치된 화재감지기(수동기동장치를 포함한다)를 동작시켜 해당 제연설비가 정상적으로 작동되는지 확인할 것
2.10.2.3 제연구역의 공기유입량 및 유입풍속, 배출량은 모든 유입구 및 배출구에서 측정할 것
2.10.2.4 제연구역의 출입문, 방화셔터, 공기조화설비 등이 제연설비와 연동된 상태에서 측정할 것
2.10.3 제연설비 시험 등의 평가는 이 기준에서 정하는 성능 및 다음의 기준에 따른다.
2.10.3.1 **배출구별 배출량은 배출구별 설계 배출량의 60 [%] 이상이어야 하며, 제연구역별 배출구의 배출량 합계는 2.3에 따른 설계배출량 이상일 것**
2.10.3.2 유입구별 공기유입량은 유입구별 설계 유입량의 60 [%] 이상이어야 하며, 제연구역별 유입구의 공기유입량 합계는 2.5.7에 따른 설계유입량을 충족할 것
2.10.3.3 제연구역의 구획이 설계조건과 동일한 조건에서 2.10.3.1에 따라 측정한 배출량이 설계배출량 이상인 경우에는 2.10.3.2에 따라 측정한 공기유입량이 설계유입량에 일부 미달되더라도 적합한 성능으로 볼 것

부분점수

문항	부분점수	세부기준
(1)	2점	계산과정과 정답을 모두 맞힌 경우 득점
(2)	2점	계산과정과 정답을 모두 맞힌 경우 득점
(3)	2점	계산과정과 정답을 모두 맞힌 경우 득점
(4)	4점 (각 2점)	① 계산과정과 정답을 모두 맞힌 경우 득점 ② 정답을 맞힌 경우 득점

08

할로겐화합물 및 불활성기체 소화설비 계산문제

정답

(1) 계산과정

① 배관구경면적 $[mm^2] = \dfrac{\pi \times (60.5 - 3.9 \times 2)^2}{4} = \dfrac{\pi \times 52.7^2}{4} = 2181.278[mm^2]$

② 오리피스의 최대 면적 $A[mm^2] = 2181.278[mm^2] \times 0.7 = 1526.894[mm^2]$

③ 오리피스 최대 구경 $D[mm]$

$A = \dfrac{\pi}{4} D^2$

$1526.894 = \dfrac{\pi}{4} \times D^2$

$D = 44.091 ≒ 44.09[mm]$

답 44.09 [mm]

(2) 계산과정

$SE = $ ⓐ,ⓑ 중 작은 값(ⓐ $380 \times \dfrac{1}{4} = 95[MPa]$, ⓑ $220 \times \dfrac{2}{3} = 146.667[MPa]$) $\times 0.85 \times 1.2$

$= 95 \times 0.85 \times 1.2 = 96.9[MPa]$

$P = \dfrac{2SE \times (t - A)}{D} = \dfrac{2 \times 96.9 \times (5.2 - 0)}{76.3} = 13.21[MPa]$

답 13.21 [MPa]

해설

(1) 할로겐화합물 및 불활성기체소화설비

① 배관구경면적 $[mm^2] = \dfrac{\pi \times (60.5 - 3.9 \times 2)^2}{4} = \dfrac{\pi \times 52.7^2}{4} = 2181.278[mm^2]$

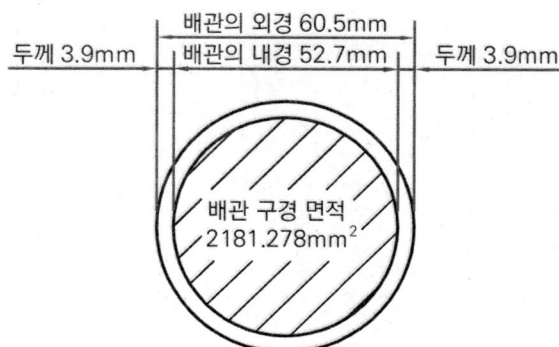

② 오리피스의 최대 면적 $A[mm^2] = 2181.278[mm^2] \times 0.7(70\%) = 1526.894[mm^2]$

> **참고** 분사헤드의 오리피스 면적(이산화탄소, 할론, 할로겐화합물 및 불활성기체소화설비)
>
> 분사헤드의 오리피스의 면적은 분사헤드가 연결되는 배관구경 면적의 70 [%] 이하가 되도록 할 것
>
>
>
> → 배관구경 면적
>
> → 오리피스의 면적

③ 오리피스 최대구경 $D[mm]$

$$A = \frac{\pi}{4}D^2$$

$$1526.894 = \frac{\pi}{4} \times D^2$$

$$D = 44.091 ≒ 44.09[mm]$$

답 44.09 [mm]

(2) 최대허용압력 $P = \dfrac{2SE \times (t-A)}{D}$

$SE =$ ⓐ, ⓑ 중 작은 값(ⓐ $380 \times \dfrac{1}{4} = 95[MPa]$, ⓑ $220 \times \dfrac{2}{3} = 146.667[MPa]) \times 0.85 \times 1.2$

$\quad = 95 \times 0.85 \times 1.2 = 96.9[MPa]$

최대허용압력 $P = \dfrac{2SE \times (t-A)}{D} = \dfrac{2 \times 96.9[MPa] \times (5.2[mm] - 0[mm])}{76.3[mm]}$
$\quad = 13.21[MPa]$

답 13.21 [MPa]

> **참고** 할로겐화합물 및 불활성기체소화설비의 화재안전기술기준(NFTC 107A) – 배관의 두께
>
> 배관의 두께 $t\ [mm] = \dfrac{PD}{2SE} + A$
>
> P : 최대허용압력 [kPa]
> D : 배관의 바깥지름 [mm]
> SE : 최대허용응력 [kPa](인장강도 1/4 값과 항복점의 2/3 값 중 작은 값 × 배관이음효율 × 1.2)
> 배관이음효율 : 이음매 없는 배관 → 1, 전기저항 용접배관 → 0.85, 가열맞대기 용접배관 → 0.6
> A : 허용값(나사이음 → 나사높이, 절단홈이음 → 홈의 깊이, 용접이음 → 0)

부분점수

문항	부분점수	세부기준
(1)	3점	계산과정과 정답을 모두 맞힌 경우 득점
(2)	3점	계산과정과 정답을 모두 맞힌 경우 득점

09

배점 5점

포소화설비 단답형 문제

정답

(1) ① 펌프 프로포셔너 방식
　② 프레셔 프로포셔너 방식
　③ 프레셔사이드 프로포셔너 방식
　④ 라인 프로포셔너 방식
　⑤ 압축공기포 믹싱챔버방식
(2) ① 배액밸브의 설치목적 : 포 방출 종료 후 배관 안의 액을 방출하기 위하여
　② 배액밸브의 설치위치 : 송액관의 가장 낮은 부분

해설

(1)은 정답과 해설이 일치한다.
(2)

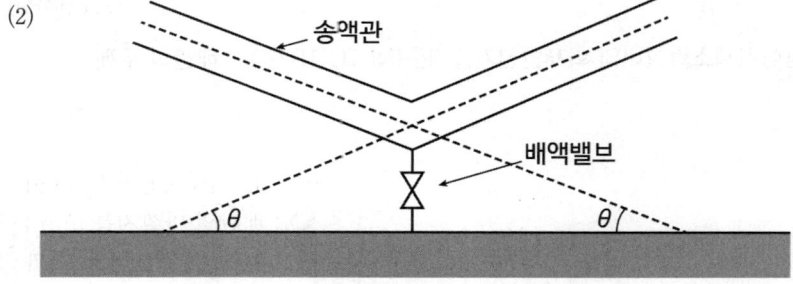

| 배액밸브의 설치장소 |

부분점수

문항	부분점수	세부기준
(1)	3점	• 1개 틀렸을 경우 → 2점 득점 • 2개 틀렸을 경우 → 1점 득점 • 3개 이상 틀렸을 경우 → 0점 득점
(2)	2점	• 1개 틀렸을 경우 → 1점 득점 • 2개 틀렸을 경우 → 0점 득점

10
배점 5점

옥내소화전 압력수조 방식 계산문제

정답

(1) 계산과정

① $P_{2g} = 0.24 + 0.02 + 0.17 = 0.43 [MPa]$

② $(P_{1g} + P_a) \times V_1 = (P_{2g} + P_a) \times V_2$

$(P_{1g} + 0.1) \times \left(90 \times \dfrac{1}{3}\right) = (0.43 + 0.1) \times 90$

∴ $P_{1g} = 1.49 [MPa]$

답 $1.49 [MPa]$

해설

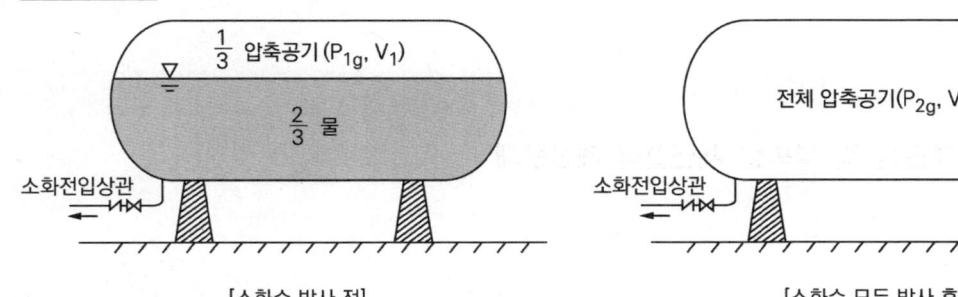

[소화수 방사 전]　　　　　　　　[소화수 모두 방사 후]

참고　보일-샤를의 법칙

기체의 체적은 **절대압력**에 반비례하고, **절대온도**에 비례

$$\dfrac{P_1 V_1}{T_1} = \dfrac{P_2 V_2}{T_2}$$

P : 절대압력, V : 부피
T : 절대온도 [K]

☆암기　보 온 (보일의 법칙은 온도 일정)
　　　　샤 압 (샤를의 법칙은 압력 일정)

> **핵심이론** 압력수조 내 요구되는 공기의 압력 P_{1g}(게이지 압력)
>
> $$(P_{1g} + P_a) \times V_1 = (P_{2g} + P_a) \times V_2$$
>
> 여기서 P_{1g} : 압력수조 내 요구되는 공기의 압력 [MPa](게이지 압력)
>
> P_{2g} : 압력수조 내 소화수가 모두 방사된 후, 필요한 압력수조 내 공기의 압력 [MPa](게이지 압력)
>
> P_a : 대기압 [MPa]
>
> V_1 : 압력수조 내 $\frac{2}{3}$가 소화수로 차 있을 때 공기의 체적(= 압력수조의 체적 $\times \frac{1}{3}$) [m³]
>
> V_2 : 소화수가 모두 방사된 후 압력수조 내 공기의 체적(= 압력수조의 체적) [m³]

(1) 압력수조 내 소화수가 모두 방사된 후, 필요한 압력수조 내 공기의 압력 P_{2g}[MPa](즉, 최상층 방수구의 방수압을 유지하기 위한 압력수조 내 공기의 압력을 구한다)

P_{2g} = 실양정환산압 + 마찰손실압 + 방사압
$= 0.24[MPa] + 0.02[MPa] + 0.17[MPa] = 0.43[MPa]$

(2) 압력수조 내 요구되는 공기의 압력 P_{1g}[MPa]

$(P_{1g} + P_a) \times V_1 = (P_{2g} + P_a) \times V_2$

$(P_{1g} + 0.1[MPa]) \times \left(90[m^3] \times \frac{1}{3}\right) = (0.43[MPa] + 0.1[MPa]) \times 90[m^3]$

$\therefore P_{1g} = 1.49[MPa]$

답 1.49 [MPa]

부분점수 없음

11

특별피난계단의 계단실 및 부속실 제연설비 계산문제

정답

(1) 계산과정

$100 = 30 + \Delta P \cdot (2.1 \times 0.9) \cdot \dfrac{0.9}{2(0.9 - 0.1)}$

$\therefore \Delta P = 65.84[Pa]$

답 $65.84[Pa]$

해설

(1) 계산과정

문을 개방하는 데 필요한 힘 $F = F_{dc} + F_P$

F_{dc} : 도어체크의 저항력 [N], F_P : 차압에 의해 방화문에 미치는 힘 [N]

$$F = F_{dc} + \Delta P \cdot A \cdot \frac{W}{2(W-d)}$$

A : 방화문면적 [m²], W : 문의 폭 [m],
d : 손잡이에서 문의 끝까지의 거리 [m], ΔP : 비제연구역과의 차압 [Pa]

$$100[N] = 30[N] + \Delta P[Pa] \cdot (2.1[m] \times 0.9[m]) \cdot \frac{0.9[m]}{2(0.9[m] - 0.1[m])}$$

$$\therefore \Delta P = 65.84[Pa]$$

답 $65.84[Pa]$

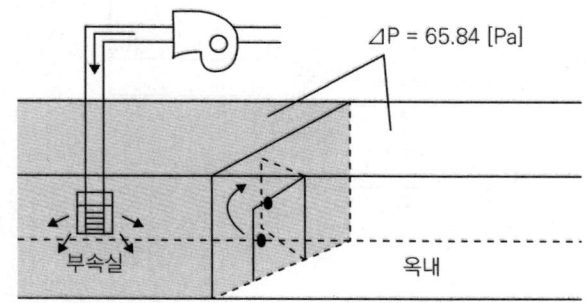 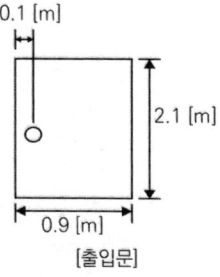

핵심이론 문을 개방하는 데 필요한 힘 F

(1) 문을 개방하는 데 필요한 힘 F ★★★

$$F = F_{dc} + F_P$$
$$= F_{dc} + K_d \cdot \Delta P \cdot A \cdot \frac{W}{2(W-d)}$$

여기서, F_{dc} : 도어체크의 저항력 [N]
F_P : 차압이 작용할 때 방화문을 개방하기 위한 힘 [N]

$$(F_P = K_d \cdot \Delta P \cdot A \cdot \frac{W}{2(W-d)})$$

K_d : 출입문의 마찰계수(상수)
ΔP : 제연구역과 비제연구역의 차압 [Pa]
A : 방화문 면적 [m²], W : 문의 폭 [m]
d : 손잡이에서 문의 끝까지의 거리 [m]

(2) 차압이 작용할 때 방화문을 개방하기 위한 힘 F_P 유도과정

① 모멘트(M)

물체를 회전시키려고 하는 힘의 작용

② 모멘트(M)의 크기

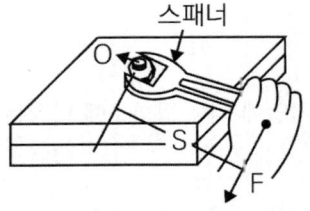

$$M = F \times S$$

F: 힘
S: 회전축에서 힘의 작용점까지 수직 거리

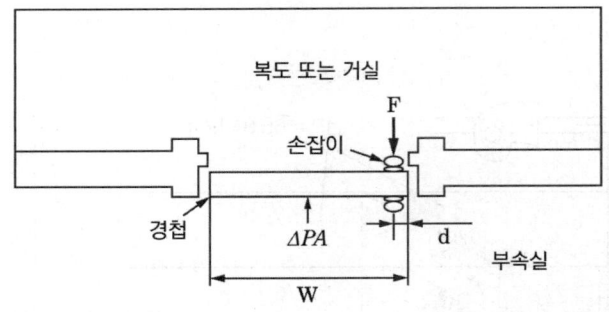

| 복도 또는 거실에서 차압에 의해 문을 미는 데 필요한 힘의 작용(M) $F_P \times (W-d)$ | = | 부속실에서 제연설비에 의해 급기가압하는 공기로 미는 힘의 작용(M) $\dfrac{\Delta P \cdot A}{2} \times W$ |

$$\therefore F_P = K_d \cdot \Delta P \cdot A \cdot \frac{W}{2(W-d)}$$

부분점수 없음

12

배점 3점

제연설비 계산문제

정답

(1) 계산과정

$Q = 390 \times 1 \times 60 = 23400\,[m^3/hr]$

답 23400 [m³/hr]

(2) 계산과정

$$P_t = (160 \times 0.8) + 10 + 5 + (160 \times 0.8 \times 0.4) = 194.2 [mmAq]$$

답 194.2 [mmAq]

(3) 계산과정

$$P = \frac{194.2 \times \frac{23400}{3600}}{102 \times 0.6} \times 1.1 = 22.688 ≒ 22.69 [kW]$$

답 22.69 [kW]

해설

(1) 거실의 바닥면적이 400 [m²] 미만으로 구획된 예상제연구역에 대한 배출량
  바닥면적 1 [m²]당 1 [m³/min] 이상으로 하되, 예상제연구역에 대한 최소 배출량은 5000 [m³/hr] 이상으로 할 것

$$Q = A[m^2] \times 1[m^3/min \cdot m^2] \times 60[min/hr]$$
$$= 390[m^2] \times 1[m^3/min \cdot m^2] \times 60[min/hr]$$
$$= 23400[m^3/hr]$$

답 23400 [m³/hr]

참고 제연설비의 화재안전기술기준(NFTC 501) - 배출량

(1) 거실의 바닥면적이 400 [m²] 미만으로 구획된 예상제연구역에 대한 배출량
  바닥면적 1 [m²]당 1 [m³/min] 이상으로 하되, 예상제연구역에 대한 최소 배출량은 5000 [m³/hr] 이상으로 할 것

$$Q = A[m^2] \times 1[m^3/min \cdot m^2] \times 60[min/hr]$$

여기서, Q : 배출량 [m³/hr](최소 배출량은 5000 [m³/hr] 이상)
A : 바닥면적 [m²]

(2) 바닥면적 400 [m²] 이상인 거실의 예상제연구역의 배출량
  ① 예상제연구역이 직경 40 [m]인 원의 범위 안에 있을 경우
    배출량 40000 [m³/hr] 이상
    다만 예상제연구역이 제연경계로 구획된 경우에는 그 수직거리에 따른 배출량으로 산정

수직거리	배출량
2 [m] 이하	40000 [m³/hr] 이상
2 [m] 초과 2.5 [m] 이하	45000 [m³/hr] 이상
2.5 [m] 초과 3 [m] 이하	50000 [m³/hr] 이상
3 [m] 초과	60000 [m³/hr] 이상

② 예상제연구역이 직경 40 [m]인 원의 범위를 초과할 경우
배출량 45000 [m³/hr] 이상
다만 예상제연구역이 제연경계로 구획된 경우에는 그 수직거리에 따른 배출량으로 산정

수직거리	배출량
2 [m] 이하	45000 [m³/hr] 이상
2 [m] 초과 2.5 [m] 이하	50000 [m³/hr] 이상
2.5 [m] 초과 3 [m] 이하	55000 [m³/hr] 이상
3 [m] 초과	65000 [m³/hr] 이상

(2) $P_t = (160[m] \times 0.8[mmAq/m]) + 10[mmAq] + 5[mmAq] + (160 \times 0.8 \times 0.4)[mmAq]$
  $= 194.2[mmAq]$

답 194.2 [mmAq]

(3) $P[kW] = \dfrac{P_t[mmAq] \times Q[m^3/s]}{102\eta} = \dfrac{194.2[mmAq] \times \dfrac{23400}{3600}[m^3/s]}{102 \times 0.6} \times 1.1$
  $= 22.688 ≒ 22.69[kW]$

답 22.69 [kW]

부분점수

문항	부분점수	세부기준
(1), (2), (3)	각 1점	계산과정과 정답을 모두 맞힌 경우 득점

13

배점 6점

할론소화설비 계산문제

정답

(1) 할론1301

(2) 계산과정

$0.9 = \dfrac{68[L]}{\text{소화약제 중량}[kg]}$

∴ 소화약제 중량 = 75.56 [kg]

답 75.56 [kg]

(3) 계산과정

① W = 900 × 0.32 = 288 [kg]

② 용기 수 = $\frac{288}{75.56}$ = 3.811 ≒ 4병

답 4병

해설

(1) 할론1301

(2) 계산과정

충전비 = $\frac{\text{소화약제 저장용기의 내부용적}[L]}{\text{소화약제의 중량}[kg]}$

할론 1301 저장용기 충전비는 0.9 이상 1.6 이하이므로

① 충전비가 0.9일 때 소화약제 중량[kg]

0.9 = $\frac{68[L]}{\text{소화약제 중량}[kg]}$ ∴ 소화약제 중량 = 75.56 [kg]

② 충전비가 1.6일 때 소화약제 중량[kg]

1.6 = $\frac{68[L]}{\text{소화약제 중량}[kg]}$ ∴ 소화약제 중량 = 42.5 [kg]

∴ 따라서 한 병당 저장할 수 있는 약제의 최대 저장량은 75.56 [kg]

답 75.56 [kg]

(3) ① 소요 약제량 : W = (V × α) + (A × β) = 900 [m³] × 0.32 [kg/m³] = 288 [kg]

② 용기 수 : $\frac{288[kg]}{75.56[kg/병]}$ = 3.811 ≒ 4병

답 4병

| 참고 | 할론1301 전역방출방식 소화약제량 |

W = (V × α) + (A × β)

W : 약제량 [kg], V : 방호구역체적 [m³], α : 소요약제량 [kg/m³]
A : 개구부면적 [m²], β : 개구부 가산량(개구부에 자동폐쇄장치 미설치)

소방대상물 또는 그 부분	소요약제량	개구부 가산량
• 차고, 주차장, 전기실, 전산실, 통신기기실 등 이와 유사한 전기설비가 설치되어 있는 부분 • 특수가연물(가연성고체류, 가연성액체류, 합성수지류)을 저장·취급하는 소방대상물 또는 그 부분	0.32 [kg/m³] 이상 0.64 [kg/m³] 이하	2.4 [kg/m³]

부분점수

문항	부분점수	세부기준
(1)	2점	정답을 맞힌 경우 득점
(2)	2점	계산과정과 정답을 모두 맞힌 경우 득점
(3)	2점	계산과정과 정답을 모두 맞힌 경우 득점

14

배점 4점

수계소화설비 압력챔버의 압력스위치 단답형 문제

정답

(1) 펌프의 기동압력 [MPa]

답 1.7 [MPa]

(2) 펌프의 기동정지압력 [MPa]

답 2 [MPa]

해설

(1) 계산과정

2 [MPa] - 0.3 [MPa] = 1.7 [MPa]

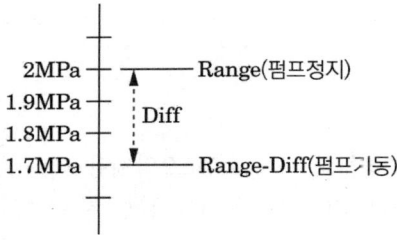

압력스위치에는 "RANGE"와 "DIFF"의 눈금이 있으며 압력스위치 상단부의 나사를 이용하여 조정하게 되어 있다. RANGE는 펌프의 정지점이며, DIFF는 "정지점과 기동점의 차"로 펌프가 DIFF만큼 압력이 떨어지면 펌프는 다시 기동하게 된다.

답 1.7 [MPa]

(2) 펌프의 기동정지압력 [MPa]이 Range 값이므로 2 [MPa]

답 2 [MPa]

참고 펌프의 기동점과 정지점

1) Range : 펌프의 정지점(기동정지압력)
   (단, 주펌프의 정지점은 주펌프의 체절운전점 이상으로 해야 한다. 화재 시 한번 기동된 주펌프는 자동정지되어서는 안 되며 수동 정지해야 하기 때문이다. 따라서 주펌프는 체절운전점 이상으로 설정하여 기동 후 정지되지 않도록 한다)
2) Diff : 펌프 정지점과 기동점의 압력 차이(Difference)
   Range값 - Diff값 = 펌프의 기동점(기동압력)

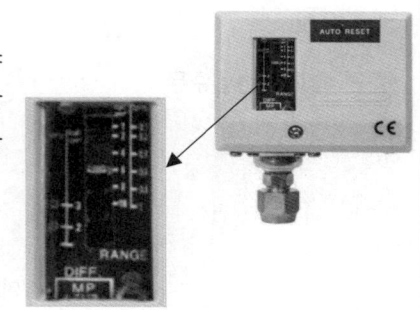

부분점수

문항	부분점수	세부기준
(1)	2점	정답을 맞힌 경우 득점
(2)	2점	정답을 맞힌 경우 득점

15 배점 4점

유체역학 - 돌연확대관 손실수두 계산문제

정답

(1) 계산과정

① $V_1 = \dfrac{0.23}{\dfrac{\pi \times 0.3^2}{4}} = 3.254 \, [m/s]$

② $V_2 = \dfrac{0.23}{\dfrac{\pi \times 0.45^2}{4}} = 1.446 \, [m/s]$

③ 손실수두 $H = \dfrac{(V_1 - V_2)^2}{2g} = \dfrac{(3.254 - 1.446)^2}{2 \times 9.8} = 0.17 \, [m]$

답 0.17 [m]

해설

(1) 계산과정

> 돌연 확대관 손실수두
>
> $$h_L = \frac{(V_1 - V_2)^2}{2g} = K\frac{V_1^2}{2g}$$
>
> h_L : 부차적 손실수두 [m],
>
> K : 손실계수 $\left[K = \left(1 - \frac{A_1}{A_2}\right)^2 \right]$
>
> V : 유속 [m/s], g : 중력가속도 [m/s²]

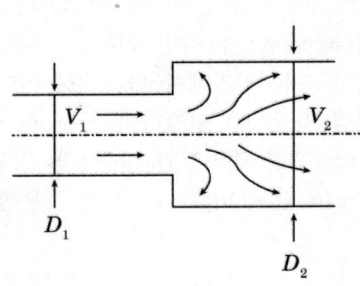

① 유속 $V_1 = \dfrac{Q}{A_1} = \dfrac{0.23[m^3/s]}{\dfrac{\pi \times 0.3^2}{4}[m^2]} = 3.254[m/s]$

② 유속 $V_2 = \dfrac{Q}{A_2} = \dfrac{0.23[m^3/s]}{\dfrac{\pi \times 0.45^2}{4}[m^2]} = 1.446[m/s]$

③ 손실수두 $H = \dfrac{(V_1 - V_2)^2}{2g} = \dfrac{(3.254 - 1.446)^2}{2 \times 9.8} = 0.17[m]$

답 0.17 [m]

부분점수 없음

16

분말소화설비 단답형 문제

정답

종별	주성분	기타사항		
제1종 분말 소화약제	(① 탄산수소나트륨 또는 $NaHCO_3$)	안전밸브 작동압력	가압식	최고사용압력의 (⑤ 1.8)배 이하
제2종 분말 소화약제	(② 탄산수소칼륨 또는 $KHCO_3$)		축압식	용기의 내압시험압력의 (⑥ 0.8)배 이하
제3종 분말 소화약제	(③ 제1인산암모늄 또는 $NH_4H_2PO_4$)	저장용기 충전비		(⑦ 0.8) 이상
제4종 분말 소화약제	(④ 탄산수소칼륨과 요소 또는 $KHCO_3 + CO(NH_2)_2$)	가압용 가스 용기를 3병 이상 설치한 경우 전자개방밸브를 부착해야 하는 최소 용기 수		(⑧ 2) 병

부분점수

문항	부분점수	세부기준
① ~ ⑧	총 4점	• 모두 맞힌 경우 → 4점 득점 • 1개 틀렸을 경우 → 3점 득점 • 2개 틀렸을 경우 → 2점 득점 • 3개 틀렸을 경우 → 1점 득점 • 4개 이상 틀렸을 경우 → 0점 득점

소방설비기사 실기 모의고사 정답 및 해설

기계분야

3회

● 부분점수 채점 기준은 한국산업인력관리공단에서 공식적으로 공개하지 않아 정확히 알 수 없으나, 채점위원으로 활동하셨던 교수님 및 기타 다양한 경로를 통해 얻은 정보를 분석하여 자체적으로 수립한 기준입니다. 따라서 모의고사에서 제시하는 부분점수 채점 기준이 실제 채점 결과에 대한 불복 청구 등의 법적 근거자료로 활용될 수 없음을 알려드립니다. 또한 부분점수 채점 기준에 대한 질문은 별도 답변을 하지 않습니다. 이 점 학습에 참고 바랍니다.

소방설비기사 기계분야 모의고사 3회 [정답 및 해설]

01
배점 6점

포소화설비 계산문제

[정답]

(1) 계산과정

① $S = 2 \times 2.1 \times \cos 45° = 2.970 [m]$

② 가로열 포헤드 수 : $\dfrac{20}{2.970} = 6.734 ≒ 7$개

③ 세로열 포헤드 수 : $\dfrac{30}{2.970} = 10.10 ≒ 11$개

∴ 포헤드 설치 개수 : $7 \times 11 = 77$개

답 77개

(2) 계산과정

① $S = 2 \times 15 \times \cos 45° = 21.213 [m]$

② 가로열에 설치할 호스릴포방수구 수 : $\dfrac{20}{21.213} = 0.942 ≒ 1$개

③ 세로열에 설치할 호스릴포방수구 수 : $\dfrac{30}{21.213} = 1.414 ≒ 2$개

∴ 호스릴포소화설비의 설치 개수 : $1 \times 2 = 2$개

답 2개

(3) 계산과정

$\{(20 \times 30) \times 8 \times 10 \times 0.03\} + (2 \times 6000 \times 0.03) = 1800 [L]$

답 1800 [L]

[해설]

(1) 계산과정 : 포헤드 정방형 배치

$S = 2R \times \cos 45°$

S : 포헤드 상호 간의 거리 [m], R : 유효반경(2.1 [m])

∴ $S = 2 \times 2.1 \times \cos 45° = 2.970 [m]$

• 가로열에 설치할 포헤드 수 : $\dfrac{20 [m]}{2.970 [m]} = 6.734$개 ≒ 7개

• 세로열에 설치할 포헤드 수 : $\dfrac{30 [m]}{2.970 [m]} = 10.10$개 ≒ 11개

∴ 포헤드 설치 개수 : $7 \times 11 = 77$개

답 77개

(2) 계산과정

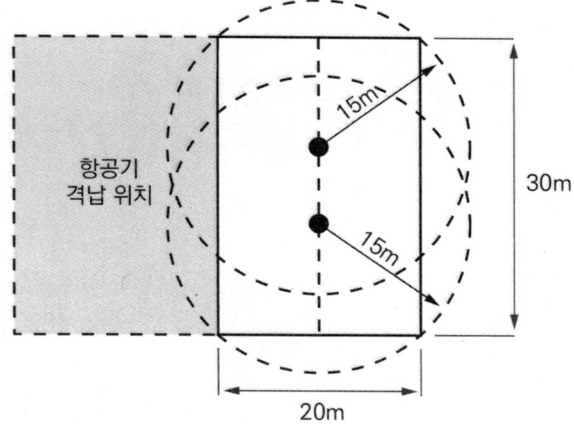

S = 2R × cos45°

S : 호스릴포방수구 상호 간의 거리 [m], R : 수평거리(15 [m])

∴ $S = 2 \times 15 \times \cos 45° = 21.213 [m]$

(방호대상물의 각 부분으로부터 하나의 호스릴포방수구까지의 수평거리는 15 [m] 이하가 되어야 하므로)

- 가로열에 설치할 호스릴포방수구 수 : $\dfrac{20[m]}{21.213[m]} = 0.942$개 ≒ 1개

- 세로열에 설치할 호스릴포방수구 수 : $\dfrac{30[m]}{21.213[m]} = 1.414$개 ≒ 2개

∴ 호스릴포소화설비의 설치 개수 : 1 × 2 = 2개

답 2개

(3) 계산과정

① 포헤드 설비의 포소화약제의 양 산정

소방대상물	포소화약제의 종류	1분당 바닥면적 1 [m²]에 대한 방사량
차고·주차장 및 항공기격납고	단백포 소화약제	6.5 [L] 이상
	합성계면활성제포 소화약제	8.0 [L] 이상
	수성막포 소화약제	3.7 [L] 이상
특수가연물 저장 취급하는 소방대상물	단백포 소화약제	6.5 [L] 이상
	합성계면활성제포 소화약제	6.5 [L] 이상
	수성막포 소화약제	6.5 [L] 이상

⇒ $Q_{약제} = A[m^2] \times Q_A [L/m^2 \cdot min] \times T[min] \times S$

   $= (20 \times 30)[m^2] \times 8[L/m^2 \cdot min] \times 10[min] \times 0.03 = 1440[L]$

② 호스릴포소화설비의 포소화약제의 양 산정

$$Q = N \times 6000[L] \times S$$

Q : 포소화약제의 양 [L], N : 호스 접결구 개수(최대 5개)
S : 포소화약제의 사용농도 [%]

⇒ $Q_{약제} = N \times 6000[L] \times S$ (여기서, N : 호스접결구 수[최대 5개])
     $= 2 \times 6000L \times 0.03 = 360[L]$

∴ 포원액의 최소소요량 $= 1440 + 360 = 1800[L]$

답 1800 [L]

부분점수

문항	부분점수	세부기준
(1)	2점	계산과정과 정답을 모두 맞힌 경우 득점
(2)	2점	계산과정과 정답을 모두 맞힌 경우 득점
(3)	2점	계산과정과 정답을 모두 맞힌 경우 득점

02
배점 4점

물분무소화설비 계산문제

정답

(1) 계산과정

① $A = (5 \times 2 \times 2) + (3.8 \times 2 \times 2) + (5 \times 3.8) = 54.2[m^2]$

② $Q = 54.2 \times 10 = 542[L/min] = 0.542[m^3/min] ≒ 0.54[m^3/min]$

답 $0.54[m^3/min]$

(2) 계산과정

$542 \times 20 = 10840[L]$

답 10840 [L]

해설

(1) 계산과정 : A [m^2] × 10 [$L/min \cdot m^2$] × 20 [min](A : 바닥부분을 제외한 변압기의 표면적)

① $A = (5[m] \times 2[m] \times 2[면]) + (3.8[m] \times 2[m] \times 2[면]) + (5[m] \times 3.8[m]) = 54.2[m^2]$

② $Q = 54.2[m^2] \times 10[L/m^2 \cdot min] = 542[L/min] = 0.542[m^3/min]$

답 $0.54[m^3/min]$

(2) 물분무소화설비 수원량 산정

소방대상물	수원량 산정방법	비 고
특수가연물을 저장·취급하는 특정소방대상물 또는 그 부분	A $[m^2]$ × 10 $[L/min \cdot m^2]$ × 20 $[min]$ (A : 바닥면적)	최대 방수구역의 바닥면적을 기준으로 함 50 $[m^2]$ 이하인 경우에는 50 $[m^2]$
절연유 봉입 변압기	A $[m^2]$ × 10 $[L/min \cdot m^2]$ × 20 $[min]$ (A : 바닥부분을 제외한 표면적을 합한 면적)	-
컨베이어벨트등	A $[m^2]$ × 10 $[L/min \cdot m^2]$ × 20 $[min]$ (A : 벨트 부분의 바닥면적)	-
케이블 트레이, 케이블 덕트 등	A $[m^2]$ × 12 $[L/min \cdot m^2]$ × 20 $[min]$ (A : 투영된 바닥면적)	-
차고·주차장	A $[m^2]$ × 20 $[L/min \cdot m^2]$ × 20 $[min]$ (A : 바닥면적)	최대 방수구역의 바닥면적을 기준으로 함 50 $[m^2]$ 이하인 경우에는 50 $[m^2]$

수원의 양$[L] = 542[L/min] \times 20[min] = 10840[L]$

답 10840 [L]

부분점수

문항	부분점수	세부기준
(1)	2점	계산과정과 정답을 모두 맞힌 경우 득점
(2)	2점	계산과정과 정답을 모두 맞힌 경우 득점

03 배점 12점

이산화탄소소화설비 계산문제 및 단답형 문제

정답

(1) ① 계산과정

   W = 500 × 1.3 = 650$[kg]$

답 650 [kg]

② 계산과정

$W = 280 \times 2 = 560[kg]$

답 560 [kg]

③ 계산과정

$W = (V \times \alpha) \times N$

㉠ $V \times \alpha = 32 \times 1 = 32[kg]$ → 최저 한도의 양 : 45 [kg]

㉡ $W = 45 \times 2.5 = 112.5[kg]$

답 112.5 [kg]

(2) 계산과정

∴ 약제의 중량 [kg] $= \dfrac{68[L]}{1.6} = 42.5[kg]$

답 42.5 [kg]

(3) ① 계산과정

$\dfrac{650}{42.5} = 15.294 ≒ 16병$

답 16병

② 계산과정

$\dfrac{560}{42.5} = 13.176 ≒ 14병$

답 14병

③ 계산과정

$\dfrac{112.5}{42.5} = 2.647 ≒ 3병$

답 3병

④ 16병

(4) 방호구역 내에 이산화탄소 소화약제가 방출되는 경우 후각을 통해 이를 인지할 수 있도록 부취발생기를 다음의 어느 하나에 해당하는 방식으로 설치해야 한다.

1. 부취발생기를 (① **소화약제 저장용기실 내**)의 소화배관에 설치하여 소화약제의 방출에 따라 부취제가 혼합되도록 하는 방식

   ⑴ (① **소화약제 저장용기실 내**)의 소화배관에 설치할 것
   ⑵ 점검 및 관리가 쉬운 위치에 설치할 것
   ⑶ 방호구역별로 선택밸브 직후 (② **2차 측**) 배관에 설치할 것. 다만 선택밸브가 없는 경우에는 집합배관에 설치할 수 있다.

2. (③ **방호구역 내**)에 부취발생기를 설치하여 이산화탄소소화설비의 기동에 따라 소화약제 (④ **방출 전**)에 부취제가 방출되도록 하는 방식

> **해설**

(1) 계산과정

① 케이블실 [심부화재]

$$W = 500[m^3] \times 1.3[kg/m^3] = 650[kg]$$

답 650 [kg]

② 박물관 [심부화재]

$$W = 280[m^3] \times 2[kg/m^3] = 560[kg]$$

답 700 [kg]

> **참고** 이산화탄소소화설비 전역방출방식 심부화재 약제량 산정

$W = (V \times \alpha) + (A \times \beta)$

W : 약제량 [kg], V : 방호구역체적 [m^3], α : 체적계수 [kg/m^3]
A : 개구부면적 [m^2], β : 면적계수(심부화재 : 10 [kg/m^2])

방호대상물	방호구역 1 [m^3]에 대한 소화약제의 양	설계 농도[%]	개구부 가산량 [kg/m^2] (자동폐쇄장치 미설치 시)
유압기기를 제외한 전기설비, 케이블실	1.3 [kg/m^3]	50	
체적 55 [m^3] 미만의 전기설비	1.6 [kg/m^3]	50	
서고, 전자제품창고, 목재가공품 창고, 박물관 **암기** 서, 전, 목, 박	2.0 [kg/m^3]	65	10 [kg/m^2]
고무류, 모피창고, 집진설비, 석탄창고, 면화류 창고 **암기** 고, 모, 집, 석, 면	2.7 [kg/m^3]	75	

③ 일산화탄소 저장창고 [표면화재](∵ 일산화탄소는 가연성 가스이므로 표면화재로 적용한다)

$W = (V \times \alpha) \times N$

㉠ $V \times \alpha$를 먼저 계산한 뒤, 저장량의 최저 한도의 양 미만이 될 경우에는 그 최저 한도의 양으로 한다.

→ $V \times \alpha = 32[m^3] \times 1[kg/m^3] = 32[kg]$ → 최저 한도의 양 : 45 [kg]

㉡ 위 기준에 따라 산출한 기본 소화약제량에 보정계수를 곱하여 산출한다.

→ $W = 45[kg] \times 2.5 = 112.5[kg]$

답 112.5 [kg]

> **참고** 이산화탄소소화설비 전역방출방식 표면화재 약제량 산정
>
> W = (V × α) + (A × β)
>
> W : 약제량 [kg], V : 방호구역체적 [m³], α : 체적계수 [kg/m³]
> A : 개구부면적 [m²], β : 면적계수(표면화재 : 5 [kg/m²])
>
> | 방호구역 체적 | 방호구역 1 [m³]에 대한 소화약제의 양 | 소화약제 저장량의 최저 한도의 양 | 개구부 가산량 [kg/m²] (자동폐쇄장치 미설치 시) |
> |---|---|---|---|
> | 45 [m³] 미만 | 1 [kg/m³] | 45 [kg](1병) | 5 [kg/m²] |
> | 45 [m³] 이상 150 [m³] 미만 | 0.9 [kg/m³] | | |
> | 150 [m³] 이상 1450 [m³] 미만 | 0.8 [kg/m³] | 135 [kg](3병) | |
> | 1450 [m³] 이상 | 0.75 [kg/m³] | 1125 [kg](25병) | |

(2) 계산과정

$$저장용기의 충전비 = \frac{저장용기 내부용적[L]}{소화약제의 중량[kg]}$$

$$\therefore 약제의 중량 [kg] = \frac{저장용기 내부용적[L]}{저장용기의 충전비} = \frac{68[L]}{1.6} = 42.5[kg]$$

답 42.5 [kg]

(3) ① 케이블실에 필요한 용기 수 = $\frac{650[kg]}{42.5[kg/병]}$ = 15.294 ≒ 16병

답 16병

② 박물관에 필요한 용기 수 = $\frac{560[kg]}{42.5[kg/병]}$ = 13.176 ≒ 14병

답 14병

③ 일산화탄소 저장창고에 필요한 용기 수 = $\frac{112.5[kg]}{42.5[kg/병]}$ = 2.647 ≒ 13병

답 3병

④ 저장용기실의 최소 저장용기 수

∴ ① ~ ③ 중 최대 병수 = 16병

저장용기실의 용기 병수는 각 방호구역에 필요한 저장용기 병수 중 가장 많은 병수를 기준으로 한다.

답 16병

(4) 방호구역 내에 이산화탄소 소화약제가 방출되는 경우 후각을 통해 이를 인지할 수 있도록 부취발생기를 다음의 어느 하나에 해당하는 방식으로 설치해야 한다.

1. 부취발생기를 (① **소화약제 저장용기실 내**)의 소화배관에 설치하여 소화약제의 방출에 따라 부취제가 혼합되도록 하는 방식
   (1) (① **소화약제 저장용기실 내**)의 소화배관에 설치할 것
   (2) 점검 및 관리가 쉬운 위치에 설치할 것
   (3) 방호구역별로 선택밸브 직후 (② **2차 측**) 배관에 설치할 것. 다만 선택밸브가 없는 경우에는 집합배관에 설치할 수 있다.
2. (③ **방호구역 내**)에 부취발생기를 설치하여 이산화탄소소화설비의 기동에 따라 소화약제 (④ **방출 전**)에 부취제가 방출되도록 하는 방식

부분점수

문항	부분점수	세부기준
(1)	3점	계산과정과 정답을 모두 맞힌 경우 득점 • ①~③번 문제는 1개당 1점으로 점수 산정
(2)	1점	계산과정과 정답을 모두 맞힌 경우 득점
(3)	4점	계산과정과 정답을 모두 맞힌 경우 득점 • ①~④번 문제는 1개당 1점으로 점수 산정
(4)	4점	정답을 모두 맞힌 경우 득점 • ①~④번 문제는 1개당 1점으로 점수 산정

04

배점 8점

특별피난계단의 계단실 및 부속실 제연설비 계산문제

정답

(1) 계산과정

① (A_9), (A_{10}) 병렬 : $0.01 + 0.01 = 0.02\,[m^2]$

② (A_7), (A_8), (A_{9-10}) 직렬 : $\dfrac{1}{\sqrt{\dfrac{1}{0.01^2} + \dfrac{1}{0.01^2} + \dfrac{1}{0.02^2}}} = 0.0066666 ≒ 0.006667\,[m^2]$

③ (A_6), (A_{7-10}) 병렬 : $0.01 + 0.006667 = 0.016667\,[m^2]$

④ (A_5), (A_{6-10}) 직렬 : $\dfrac{1}{\sqrt{\dfrac{1}{0.01^2}+\dfrac{1}{0.016667^2}}} = 0.0085749 ≒ 0.008575\,[m^2]$

⑤ (A_3), (A_4), (A_{5-10}) 병렬 : $0.01+0.01+0.008575=0.028575\,[m^2]$

⑥ (A_1), (A_2), (A_{3-10}) 직렬 : $\dfrac{1}{\sqrt{\dfrac{1}{0.01^2}+\dfrac{1}{0.01^2}+\dfrac{1}{0.028575^2}}} = 0.006864 ≒ 0.00686\,[m^2]$

∴ 전체 누설틈새면적 합계 $[m^2]= 0.00686\,[m^2]$

답 0.00686 [m²]

(2) 계산과정

$P = 101.5 - 101.3 = 0.2\,[kPa] = 200\,[Pa]$

$Q = 0.827 \times 0.00686 \times \sqrt{200} = 0.080 ≒ 0.08\,[m^3/s]$

답 0.08 [m³/s]

해설

(1) 병렬상태인 경우 틈새면적 $[m^2]$: $A_T = A_1 + A_2 + \cdots + A_n$

직렬상태인 경우 틈새면적 $[m^2]$

$A_T = \dfrac{1}{\sqrt{\left(\dfrac{1}{A_1^2}+\dfrac{1}{A_2^2}+\cdots+\dfrac{1}{A_n^2}\right)}} = \left(\dfrac{1}{A_1^2}+\dfrac{1}{A_2^2}+\cdots+\dfrac{1}{A_n^2}\right)^{-\frac{1}{2}}$

계산과정

각 실의 문 틈새면적 : 100 [cm²] = 0.01 [m²]

①

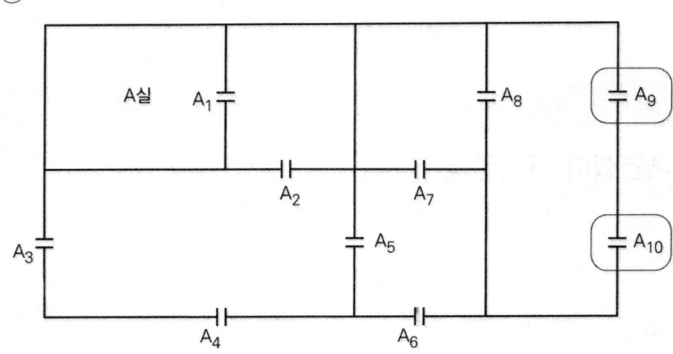

(A_9), (A_{10}) 병렬

$0.01+0.01=0.02\,[m^2]$

②

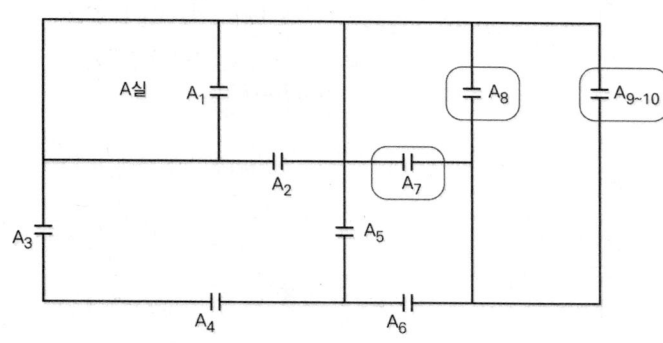

$(A_7), (A_8), (A_{9-10})$ 직렬

$$\frac{1}{\sqrt{\frac{1}{0.01^2}+\frac{1}{0.01^2}+\frac{1}{0.02^2}}}$$

$= 0.0066666 ≒ 0.006667\,[m^2]$

※ $(A_8), (A_{9-10})$ 을 먼저 직렬로 계산한 뒤, (A_7)과 직렬로 계산해도 무방하다.

③

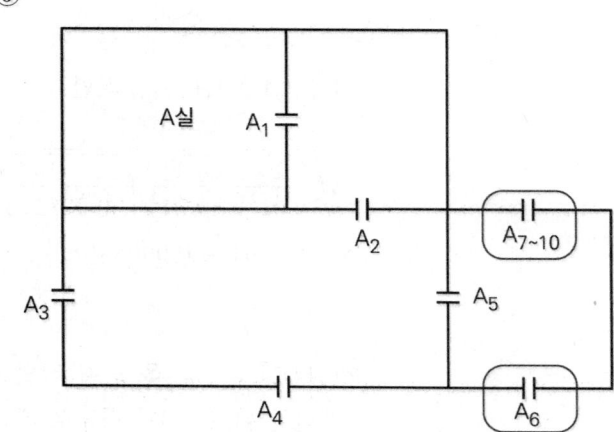

$(A_6), (A_{7-10})$ 병렬

$0.01 + 0.006667$
$= 0.016667\,[m^2]$

④

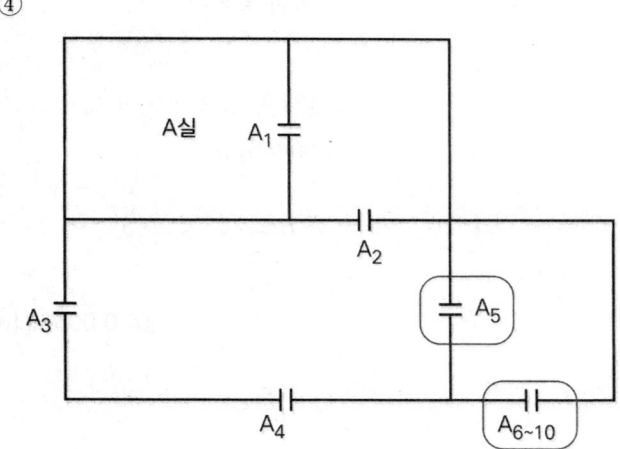

$(A_5), (A_{6-10})$ 직렬

$$\frac{1}{\sqrt{\frac{1}{0.01^2}+\frac{1}{0.016667^2}}}$$

$= 0.0085749 ≒ 0.008575\,[m^2]$

⑤

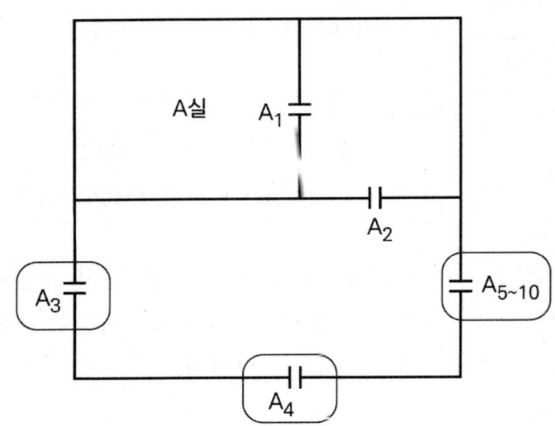

$(A_3), (A_4), (A_{5-10})$ 병렬
$0.01 + 0.01 + 0.008575$
$= 0.028575 [m^2]$

⑥

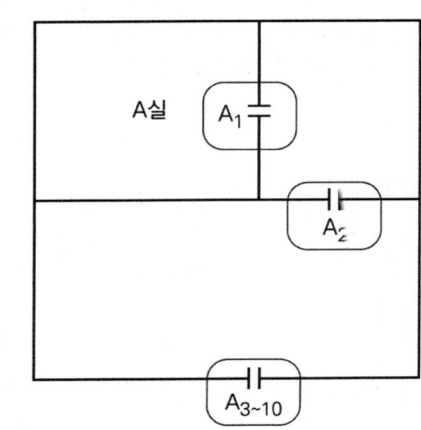

$(A_1), (A_2), (A_{3-10})$ 직렬

$$\frac{1}{\sqrt{\dfrac{1}{0.01^2} + \dfrac{1}{0.01^2} + \dfrac{1}{0.028575^2}}}$$
$= 0.006864 ≒ 0.00686 [m^2]$

※ $(A_2), (A_{3-10})$ 을 먼저 직렬로 계산한 뒤, (A_1) 과 직렬로 계산해도 무방하다.

⑦

∴ 전체 누설틈새면적 합계 [m²]
$= 0.00686 [m^2]$

답 0.00686 [m²]

(2) $P = 101.5 - 101.3 = 0.2 [kPa] = 200 [Pa]$
$A = 0.00686 [m^2]$
$Q = 0.827 \times A \times \sqrt{P} = 0.827 \times 0.00686 [m^2] \times \sqrt{200 [Pa]} = 0.080 ≒ 0.08 [m^3/s]$

답 0.08 [m³/s]

(3)

> 급기풍도(이하 "풍도"라 한다)의 설치는 다음의 기준에 적합해야 한다.
> 1. 수직풍도 이외의 풍도로서 금속판으로 설치하는 풍도는 다음의 기준에 적합할 것
>   (1) 풍도는 (① <u>아연도금강판</u>) 또는 이와 동등 이상의 내식성·내열성이 있는 것으로 하며, 「건축법 시행령」제2조에 따른 (② <u>불연재료</u>)(석면재료를 제외한다)인 단열재로 풍도외부에 유효한 단열처리를 하고, 강판의 두께는 풍도의 크기에 따라 다음 표에 따른 기준 이상으로 할 것. 다만 방화구획이 되는 전용실에 급기송풍기와 연결되는 풍도는 단열이 필요 없다.
>
> [풍도의 크기에 따른 강판의 두께]
>
> | 풍도단면의 긴 변 또는 직경의 크기 | 450 [mm] 이하 | 450 [mm] 초과 750 [mm] 이하 | 750 [mm] 초과 1500 [mm] 이하 | 1500 [mm] 초과 2250 [mm] 이하 | 2250 [mm] 초과 |
> |---|---|---|---|---|---|
> | 강판 두께 | 0.5 [mm] | 0.6 [mm] | 0.8 [mm] | 1.0 [mm] | 1.2 [mm] |
>
>   (2) 풍도에서의 누설량은 급기량의 (③ <u>10</u>) [%]를 초과하지 않을 것
> 2. 풍도는 정기적으로 풍도 내부를 청소할 수 있는 구조로 할 것
> 3. 풍도 내의 풍속은 (④ <u>15</u>) [m/s] 이하로 할 것

부분점수

문항	부분점수	세부기준
(1)	3점	계산과정과 정답을 모두 맞힌 경우 득점
(2)	2점	계산과정과 정답을 모두 맞힌 경우 득점
(3)	3점	①~④번 각 문항당 1점으로 점수 산정(단, 3개 이상 틀릴 경우 0점)

05 배점 5점

포소화설비 계산문제

정답

(1) 계산과정

$$\left\{\left(\frac{\pi \times 10^2}{4}\right) \times 4 \times 30 \times 0.03\right\} + (2 \times 400 \times 20 \times 0.03)$$
$$= 282.743 + 480 = 762.743 ≒ 762.74 [L]$$

답 762.74 [L]

(2) 계산과정

$$Q = 2 \times 400 \times 20 \times 0.03 = 480[L]$$

답 480 [L]

(3) 계산과정

$$\left(\frac{\pi \times 10^2}{4}\right) \times 4 \times 30 \times 0.03 = 282.74[L]$$

답 282.74 [L]

(4) 계산과정

① $H = 8 + 50 + 35 = 93[m]$

② $Q = \left(\frac{\pi \times 10^2}{4} \times 4\right) + (2 \times 400) = 1114.159[L/min]$

③ $P[kW] = \dfrac{9.8 \times \dfrac{1.114159}{60} \times 93}{0.65} \times 1.1 = 28.640 ≒ 28.64[kW]$

답 28.64 [kW]

해설

(1) 계산과정 : 포소화약제량 = 고정포방출구 Q_1 + 보조포소화전 Q_2
 (조건 ②에 의해 송액관 보충량은 무시)

$= (A[m^2] \times Q_A[L/min \cdot m^2] \times T[min] \times S) + (N \times 400[L/min] \times 20[min] \times S)$

$= \left\{\left(\dfrac{\pi \times 10^2}{4}\right)[m^2] \times 4[L/min \cdot m^2] \times 30[min] \times 0.03\right\} + (2 \times 400[L/min] \times 20[min] \times 0.03)$

$= 282.743 + 480 = 762.743 ≒ 762.74[L]$

답 762.74 [L]

(2) 계산과정 : 보조포소화전 포소화약제량 $Q_2[L] = N \times 400[L/min] \times 20[min] \times S$

　　　　　　　N : 호스접결구의 수(최대 3개), S : 포소화약제의 사용농도 [%]

$Q = 2 \times 400[L/min] \times 20[min] \times 0.03 = 480[L]$

※ 조건의 그림상 보조포 소화전이 2개 설치되어 있고, 단구형이므로 N = 2이다.

답 480 [L]

(3) 계산과정 : 고정포방출구 포소화약제량 $Q_1[L] = A \cdot Q_A \cdot T \cdot S$

　　　　　　　A : 탱크의 액표면적 $[m^2]$, Q_A : 단위포소화수용액의 양(방출률)$[L/min \cdot m^2]$
　　　　　　　T : 방출시간 [min], S : 포소화약제의 사용농도 [%]

$Q = \left(\dfrac{\pi \times 10^2}{4}\right)[m^2] \times 4[L/min \cdot m^2] \times 30[min] \times 0.03 = 282.74[L]$

답 282.74 [L]

포방출구의 종류· 방출량 및 방출시간 위험물의 종류	I 형		II 형		특형	
	방출량 $[L/m^2 \cdot 분]$	방출시간 [분]	방출량 $[L/m^2 \cdot 분]$	방출시간 [분]	방출량 $[L/m^2 \cdot 분]$	방출시간 [분]
제4류 위험물(수용성의 것을 제외) 중 인화점이 21 [℃] 미만인 것	4	30	4	55	8	30
제4류 위험물(수용성의 것을 제외) 중 인화점이 21 [℃] 이상 70 [℃] 미만인 것	4	20	4	30	8	20
제4류 위험물(수용성의 것을 제외) 중 인화점이 70 [℃] 이상 인 것	4	15	4	25	8	15
제4류 위험물 중 수용성의 것	8	20	8	30	-	-

(4) 계산과정

$P[kW] = \dfrac{\gamma Q H}{\eta} \times K$

① H = 실양정 + 마찰손실수두 + 방사압환산수두

$= 8 + 50 + 35 = 93 [m]$

(여기서, II형 포 방출구를 설치하므로 상부포주입방식이다. 따라서 실양정을 '탱크의 높이'로 적용한다)

② $Q = (A[m^2] \times Q_A [L/\min \cdot m^2]) + (N \times 400 [L/\min])$

$= \left(\dfrac{\pi \times 10^2}{4} [m^2] \times 4 [L/\min \cdot m^2] \right) + (2 \times 400 [L/\min]) = 1114.159 [L/\min]$

③ $P[kW] = \dfrac{\gamma Q H}{\eta} \times K = \dfrac{9.8 [kN/m^3] \times \dfrac{1.114159}{60} [m^3/s] \times 93 [m]}{0.65} \times 1.1 = 28.640$

$≒ 28.64 [kW]$

([조건]에 따라 옥외저장탱크의 높이 8 [m], 마찰손실수두 50 [m], 방사압 0.35 [MPa], 펌프 효율 65 [%], 전달계수 K = 1.1이므로)

답 28.64 [kW]

부분점수

문항	부분점수	세부기준
(1)	1점	계산과정과 정답을 모두 맞힌 경우 득점
(2)	1점	계산과정과 정답을 모두 맞힌 경우 득점
(3)	1점	계산과정과 정답을 모두 맞힌 경우 득점
(4)	2점	계산과정과 정답을 모두 맞힌 경우 득점

06

배점 3점

소화기구 단답형 문제

정답

(1)

특정소방대상물	소화기구의 능력단위
1. (ㄱ, ㄴ)	바닥면적 50 [m²]마다 1단위 이상
2. (ㄷ, ㄹ)	바닥면적 100 [m²]마다 1단위 이상

(2) 30 [m] 이내

해설

(1)

핵심이론 특정소방대상물별 소화기구의 능력단위기준

특정소방대상물	소화기구의 능력단위
위락시설	해당 용도의 바닥면적 30 [m²]마다 능력단위 1단위 이상
공연장, 집회장, 관람장, **문화재**, 장례식장 및 **의료시설**	해당 용도의 바닥면적 <u>50</u> [m²]마다 능력단위 1단위 이상
근린생활시설, **판매시설**, 운수시설, 숙박시설, 노유자시설, 전시장, 공동주택, 업무시설, 방송통신시설, 공장, **창고시설**, 항공기 및 자동차 관련 시설 및 관광휴게시설	해당 용도의 바닥면적 <u>100</u> [m²]마다 능력단위 1단위 이상
그 밖의 것	해당 용도의 바닥면적 200 [m²]1마다 능력단위 1단위 이상

건축물의 주요구조부가 내화구조이고, 벽 및 반자의 실내에 면하는 부분이 불연재료·준불연재료 또는 난연재료로 된 특정대상물에 있어서는 위 표의 바닥면적의 2배를 해당 특정소방대상물의 기준면적으로 한다.

(2) **답** 30 [m] 이내

핵심이론 소화기 설치 기준

2.1.1.4.1 특정소방대상물의 각 층마다 설치하되, 각 층이 2 이상의 거실로 구획된 경우에는 각 층마다 설치하는 것 외에 바닥면적이 33 [m²] 이상으로 구획된 각 거실(아파트의 경우에는 각 세대를 말한다)에도 배치할 것

2.1.1.4.2 특정소방대상물의 각 부분으로부터 1개의 소화기까지의 보행거리가 **소형소화기의 경우에는 20 [m] 이내, 대형소화기의 경우에는 30 [m] 이내가 되도록 배치**할 것. 다만 가연성물질이 없는 작업장의 경우에는 작업장의 실정에 맞게 보행거리를 완화하여 배치할 수 있다.

부분점수

문항	부분점수	세부기준
(1)	2점	괄호당 1점으로 점수 산정
(2)	1점	정답을 맞힌 경우 득점

07

배점 10점

스프링클러설비와 옥외소화전의 수원 및 펌프 겸용 계산문제

정답

(1) 계산과정

$30 \times 80 = 2400 [L/min]$

답 2400 [L/min]

(2) 계산과정

$2 \times 350 = 700 [L/min]$

답 700 [L/min]

(3) 계산과정

$30 \times 3.2 [m^3] + 2 \times 7 [m^3] = 110 [m^3]$

답 110 [m³]

(4) 계산과정

① 스프링클러설비에 필요한 펌프의 토출압

$P_{SP} = 1.25 + (1.25 \times 0.2) + 0.1 = 1.6 [MPa]$

② 옥외소화전에 필요한 펌프의 토출압

$P_{옥외} = 0.08 + (0.08 \times 0.5) + 0.25 = 0.37 [MPa]$

③ 펌프의 최소 토출압 = 1.6 [MPa]

답 1.6 [MPa]

해설

(1) 스프링클러설비의 최소 펌프 토출량 [L/min]

$Q = N \times 80 [L/min]$

$\quad = 30 \times 80 [L/min] = 2400 [L/min]$

(지하층을 제외한 층수가 11층 이상인 소방대상물이므로 기준개수 30개)

답 2400 [L/min]

※ 폐쇄형 스프링클러헤드 설치 시 기준개수 N

[설치장소별 스프링클러헤드의 기준개수]

설치장소			기준개수
지하층을 제외한 층수가 10층 이하인 특정소방대상물	공장	특수가연물 저장·취급하는 것	30개
		그 밖의 것	20개
	근린생활시설, 판매시설·운수시설 또는 복합건축물	판매시설 또는 복합건축물(판매시설이 설치되는 복합건축물)	30개
		그 밖의 것	20개
	그 밖의 것	헤드의 부착높이가 8 [m] 이상의 것	20개
		헤드의 부착높이가 8 [m] 미만의 것	10개
지하층을 제외한 층수가 11층 이상인 소방대상물(아파트 제외)·지하가 또는 지하역사			30개
아파트등	각 동이 주차장으로 서로 연결되지 않은 경우		10개
	각 동이 주차장으로 서로 연결된 구조인 경우 해당 주차장 부분		30개
라지드롭형 스프링클러헤드를 설치하는 창고시설			30개

[비고] 하나의 소방대상물이 2 이상의 "스프링클러헤드의 기준개수"란에 해당하는 때에는 기준개수가 많은 것을 기준으로 한다. 다만 각 기준개수에 해당하는 수원을 별도로 설치하는 경우에는 그렇지 않다.

(2) 옥외소화전의 최소 펌프 토출량 [L/min]

$Q = N \times 350 [L/min]$ [N : 옥외소화전 설치 개수(최대 2개)]

$= 2 \times 350 [L/min] = 700 [L/min]$

답 700 [L/min]

(3) 총 수원의 양 [m³]

① 스프링클러설비에 필요한 최소 수원의 양

스프링클러설비 수원의 양

$= N \times 80 [L/min] \times 40 [min] = 30 \times 80 [L/min] \times 40 [min] = 96000 [L] = 96 [m^3]$

② 옥외소화전에 필요한 최소 수원의 양

옥외소화전 수원의 양

$= N \times 350 [L/min] \times 20 [min] = 2 \times 350 [L/min] \times 20 [min] = 14000 [L] = 14 [m^3]$

③ 총 수원의 양

총 수원의 양 = 스프링클러설비 수원의 양 + 옥외소화전 수원의 양

$= 96 [m^3] + 14 [m^3] = 110 [m^3]$

답 110 [m³]

> **참고** 스프링클러설비의 화재안전기술기준(NFTC 103)
>
> 2.13 수원 및 가압송수장치의 펌프 등의 겸용
>
> 2.13.1 스프링클러설비의 <u>수원</u>을 옥내소화전설비·간이스프링클러설비·화재조기진압용 스프링클러설비·물분무소화설비·포소화설비 및 <u>옥외소화전설비의 수원을 겸용하여 설치하는 경우</u>의 저수량은 <u>각 소화설비에 필요한 저수량을 합한 양 이상</u>이 되도록 해야 한다. 다만 이들 소화설비 중 고정식 소화설비(펌프·배관과 소화수 또는 소화약제를 최종 방출하는 방출구가 고정된 설비를 말한다. 이하 같다)가 2 이상 설치되어 있고, 그 소화설비가 설치된 부분이 방화벽과 방화문으로 구획되어 있는 경우에는 각 고정식 소화설비에 필요한 저수량 중 최대의 것 이상으로 할 수 있다.
>
> 2.13.2 스프링클러설비의 가압송수장치로 사용하는 <u>펌프</u>를 옥내소화전설비·간이스프링클러설비·화재조기진압용 스프링클러설비·물분무소화설비·포소화설비 및 <u>옥외소화전설비의 가압송수장치와 겸용하여 설치하는 경우</u>의 펌프의 토출량은 <u>각 소화설비에 해당하는 토출량을 합한 양 이상</u>이 되도록 해야 한다. 다만 이들 소화설비 중 고정식 소화설비가 2 이상 설치되어 있고, 그 소화설비가 설치된 부분이 방화벽과 방화문으로 구획되어 있으며, 각 소화설비에 지장이 없는 경우에는 펌프의 토출량 중 최대의 것 이상으로 할 수 있다.

(4) 펌프의 최소 토출압 [MPa]

① 스프링클러설비에 필요한 펌프의 토출압

P_{SP}= 실양정 환산압력 + 배관마찰손실압력 + 0.1[MPa]

= 1.25 + (1.25 × 0.2) + 0.1

= 1.6[MPa]

② 옥외소화전에 필요한 펌프의 토출압

$P_{옥외}$= 실양정 환산압력 + 배관마찰손실압력 + 호스마찰손실압력 + 0.25[MPa]

= 0.08 + (0.08 × 0.5) + 0.25

= 0.37[MPa]

③ 펌프의 최소 토출압

펌프의 최소 토출압은 '스프링클러설비에 필요한 펌프의 토출압'과 '옥외소화전에 필요한 펌프의 토출압' 중 최댓값이다.

따라서 펌프의 최소 토출압 = 1.6 [MPa]

답 1.6 [MPa]

핵심이론 스프링클러설비(폐쇄형 스프링클러헤드를 사용하는 경우)와 옥외소화전설비 비교

구분	스프링클러설비(폐쇄형 스프링클러헤드를 사용하는 경우)		옥외소화전설비
펌프 토출량	$N \times 80$ [L/min] 여기서, N : 기준개수		$N \times 350$ [L/min] 여기서, N : 최대 2개
수원	29층 이하	$N \times 80$ [L/min] $\times$ 20 [min] (여기서, N : 기준개수)	$N \times 350$ [L/min] $\times$ 20 [min] 여기서, N : 옥외소화전의 설치 개수 (최대 2개)
	30층 이상 49층 이하	$N \times 80$ [L/min] $\times$ 40 [min] (여기서, N : 기준개수)	
	50층 이상	$N \times 80$ [L/min] $\times$ 60 [min] (여기서, N : 기준개수)	
전양정	$H = h_1 + h_2 + 10$ 여기서, H : 전양정 [m] h_1 : 배관 및 관부속품의 마찰손실 수두 [m] h_2 : 낙차(실양정) [m] 10 : 최소 방수압 환산수두 [m](0.1 [MPa])		$H = h_1 + h_2 + h_3 + 25$ 여기서, H : 전양정 [m] h_1 : 호스 마찰손실 수두 [m] h_2 : 배관 및 관부속품의 마찰손실 수두 [m] h_3 : 낙차(실양정) [m] 25 : 최소 방수압 환산수두 [m] (0.25 [MPa])

부분점수

문항	부분점수	세부기준
(1)	2점	계산과정과 정답을 모두 맞힌 경우 득점
(2)	2점	계산과정과 정답을 모두 맞힌 경우 득점
(3)	3점	계산과정과 정답을 모두 맞힌 경우 득점
(4)	3점	계산과정과 정답을 모두 맞힌 경우 득점

08

스프링클러설비 단답형 문제

정답

(1) 유수검지장치 2차 측 배관에 연결하여 설치
(2) 유수검지장치에서 가장 먼 거리에 위치한 가지배관의 끝으로부터 연결하여 설치
(3) ① 개폐밸브
   ② 개방형 헤드(또는 스프링클러헤드와 동등한 방수성능을 가진 오리피스)

해설

(1), (2)은 정답과 해설이 일치한다.
(3) "개방형 헤드" 또는 "스프링클러헤드와 동등한 방수성능을 가진 오리피스" 모두 정답

> **참고** 스프링클러설비의 시험장치 설치기준
>
> 1. **습식스프링클러설비 및 부압식스프링클러설비**에 있어서는 **유수검지장치 2차 측 배관에 연결하여 설치**하고 **건식스프링클러설비**인 경우 **유수검지장치에서 가장 먼 거리에 위치한 가지배관의 끝으로부터 연결하여 설치**할 것. 이 경우 유수검지장치 2차 측 설비의 내용적이 2840 [L]를 초과하는 건식스프링클러설비는 시험장치 개폐밸브를 완전 개방 후 1분 이내에 물이 방사되어야 한다.
> 2. 시험장치 배관의 구경은 25 [mm] 이상으로 하고, 그 끝에 **개폐밸브** 및 **개방형 헤드 또는 스프링클러헤드와 동등한 방수성능을 가진 오리피스**를 설치할 것. 이 경우 개방형 헤드는 반사판 및 프레임을 제거한 오리피스만으로 설치할 수 있다.
> 3. 시험배관의 끝에는 물받이 통 및 배수관을 설치하여 시험 중 방사된 물이 바닥에 흘러내리지 않도록 할 것. 다만 목욕실·화장실 또는 그 밖의 곳으로서 배수처리가 쉬운 장소에 시험배관을 설치한 경우에는 그렇지 않다.

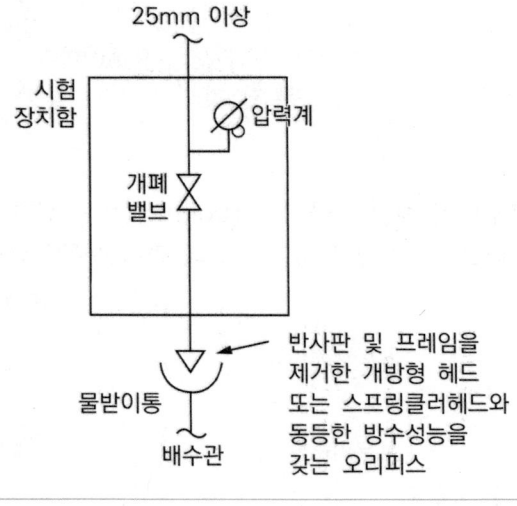

[시험장치]

부분점수

문항	부분점수	세부기준
(1)	1점	정답을 맞힌 경우 득점
(2)	1점	정답을 맞힌 경우 득점
(3)	2점	구성요소 2가지 중 1가지만 맞힌 경우 1점 득점 구성요소 2가지 모두 틀린 경우 0점 득점

09

배점 4점

포소화설비 단순 계산문제

정답

(1) 계산과정

$$\frac{20 \times 15}{9} = 33.33 ≒ 34개$$

답 34개

(2) 100 [mm]

해설

(1) 계산과정

포헤드 개수 : $\dfrac{바닥면적\,[m^2]}{9\,[m^2/개]} = \dfrac{20\,[m] \times 15\,[m]}{9\,[m^2/개]} = 33.33 ≒ 34개$

> **포소화설비의 화재안전기술기준(NFTC 105)**
> 2.9.2.2 포헤드는 특정소방대상물의 천장 또는 반자에 설치하되, 바닥면적 9 [m²]마다 1개 이상으로 하여 해당 방호대상물의 화재를 유효하게 소화할 수 있도록 할 것

답 34개

(2) 포헤드의 설치 개수가 34개이므로 조건 ③에 따라 배관의 구경은 100 [mm]로 산정한다.
(조건 ②의 화재감지용 폐쇄형 스프링클러헤드와 포가 방출되는 배관의 관경은 무관하다)

답 100 [mm]

부분점수

문항	부분점수	세부기준
(1)	2점	계산과정과 정답을 모두 맞힌 경우 득점
(2)	2점	정답을 맞힌 경우 득점

10

배점 4점

할로겐화합물 및 불활성기체 소화설비 계산문제

정답

(1) 계산과정

① 분구면적(오리피스의 면적) $= \dfrac{29.4}{14.7} = 2\,[cm^2] = 200\,[mm^2]$

② $200\,[mm^2] = \dfrac{\pi \times D^2}{4}$

∴ $D = 15.96\,[mm]$

따라서 오리피스 구경을 표에서 택하면 20 [mm]이다.

답 20 [mm]

(2) 계산과정

① $SE = $ Ⓐ,Ⓑ 중 작은 값(Ⓐ $420 \times \dfrac{1}{4} = 105\,[MPa]$, Ⓑ $250 \times \dfrac{2}{3} = 166.67\,[MPa]$) $\times 1 \times 1.2$

   $= 105 \times 1 \times 1.2 = 126\,[MPa]$

② 배관의 바깥지름 $D = 102.3 + 6 + 6 = 114.3\,[mm]$

③ $6\,[mm] = \dfrac{P \times 114.3\,[mm]}{2 \times 126\,[MPa]}$

∴ $P = 13.23\,[MPa]$

답 13.23 [MPa]

해설

(1) 계산과정

분구면적(오리피스의 면적) $= \dfrac{29.4\,[kg/s \cdot 개]}{14.7\,[kg/s \cdot cm^2 \cdot 개]} = 2\,[cm^2] = 200\,[mm^2]$

오리피스 직경 : $200\,[mm^2] = \dfrac{\pi \times D^2}{4}$

∴ $D = 15.96\,[mm]$

따라서 오리피스 구경을 표에서 택하면 20 [mm]이다.

답 20 [mm]

(2) 계산과정

$SE = $ 인장강도 1/4 값과 항복점의 2/3 값 중 작은 값 × 배관이음효율 × 1.2

$= $ Ⓐ, Ⓑ 중 작은 값(Ⓐ $420 \times \dfrac{1}{4} = 105\,[MPa]$, Ⓑ $250 \times \dfrac{2}{3} = 166.67\,[MPa]$) $\times 1 \times 1.2$

$= 105 \times 1 \times 1.2 = 126\,[MPa]$(이음매없는 배관이므로 배관이음효율 = 1)

$t = \dfrac{PD}{2SE} + A$에서 D는 배관의 바깥지름이므로

배관의 바깥지름 $D = 102.3[mm] + 6[mm] + 6[mm] = 114.3[mm]$

$6[mm] = \dfrac{P \times 114.3[mm]}{2 \times 126[MPa]}$

$\therefore P = 13.23[MPa]$

답 13.23 [MPa]

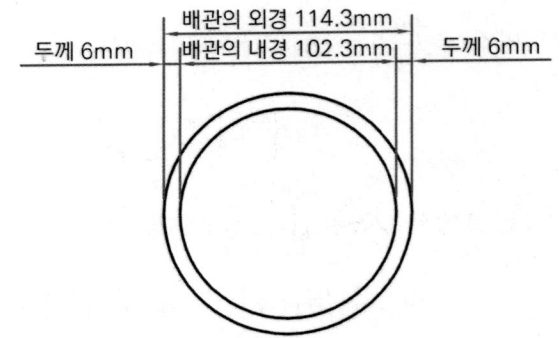

> **참고** 할로겐화합물 및 불활성기체소화설비의 화재안전기술기준(NFTC 107A) – 배관의 두께
>
> 배관의 두께 $t[mm] = \dfrac{PD}{2SE} + A$
>
> P : 최대허용압력 [kPa]
> D : 배관의 바깥지름 [mm]
> SE : 최대허용응력 [kPa](인장강도 1/4 값과 항복점의 2/3 값 중 적은 값 × 배관이음효율 × 1.2)
> - 배관이음효율 : 이음매 없는 배관 → 1, 전기저항 용접배관 → 0.85, 가열맞대기 용접배관 → 0.6
>   A : 허용값(나사이음 → 나사높이, 절단홈이음 → 홈의 깊이, 용접이음 → 0)

부분점수

문항	부분점수	세부기준
(1)	2점	계산과정과 정답을 모두 맞힌 경우 득점
(2)	2점	계산과정과 정답을 모두 맞힌 경우 득점

11 분말소화설비 단답형 및 계산문제

정답

(1) 종류 : 제3종 분말소화약제
주성분 : 제1인산암모늄(또는 $NH_4H_2PO_4$)

(2) 계산과정
$(12 \times 15 \times 3.5) - \{(1 \times 1 \times 3.5) + (0.6 \times 0.4 \times 5.5 \times 2) + (0.6 \times 0.4 \times 7 \times 2)\} = 620.5[m^3]$

답 620.5 [m³]

(3) 계산과정
$620.5 \times 0.36 + 6 \times 2.7 = 239.58[kg]$

답 239.58 [kg]

(4) 계산과정
239.58 × 40 = 9583.2 [L]

답 9583.2 [L]

해설

(1) 종류 : 제3종 분말소화약제
주성분 : 제1인산암모늄 [또는 $NH_4H_2PO_4$]

(2) 계산과정

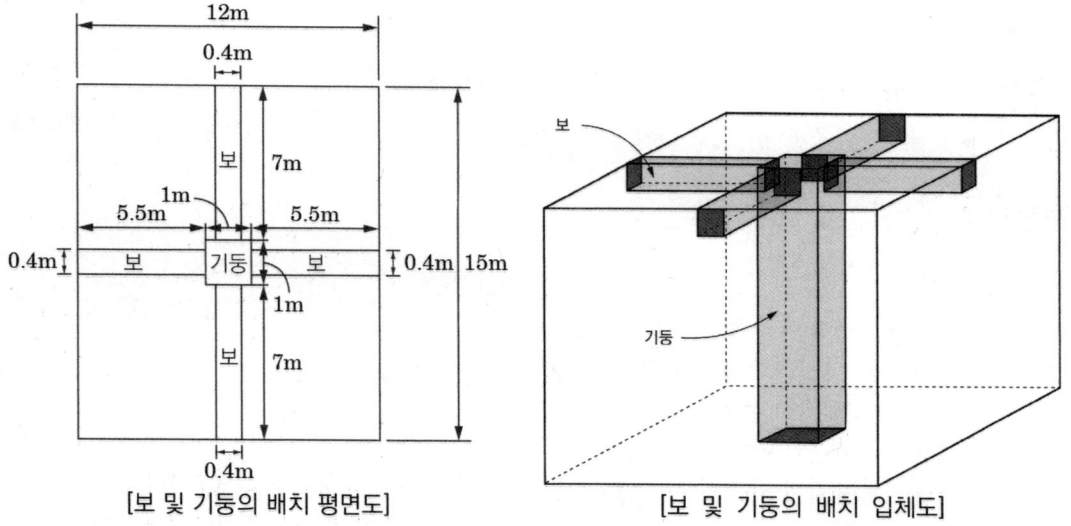

[보 및 기둥의 배치 평면도]   [보 및 기둥의 배치 입체도]

방호구역의 체적 [m³]
= 실의 체적 - (기둥의 체적 + 가로 보의 체적 + 세로 보의 체적)
= $(12 \times 15 \times 3.5) - \{(1 \times 1 \times 3.5) + (0.6 \times 0.4 \times 5.5 \times 2개) + (0.6 \times 0.4 \times 7 \times 2개)\}$
= $620.5[m^3]$

답 620.5 [m³]

(3) 계산과정

분말소화설비 전역방출방식의 약제량

$W\,[kg] = (V \times \alpha) + (A \times \beta)$

W : 소화약제량 [kg], V : 방호구역의 체적 [m³], α : 체적계수 [kg/m³]
A : 개구부면적 [m²], β : 면적계수 [kg/m²]

소화약제의 종별	체적 1 [m³]에 대한 소화약제량 [kg]	면적 1 [m²]에 대한 소화약제량 [kg]
제1종 분말	0.60 [kg]	4.5 [kg]
제2종, 제3종 분말	0.36 [kg]	2.7 [kg]
제4종 분말	0.24 [kg]	1.8 [kg]

약제량 $= 620.5\,[m^3] \times 0.36\,[kg/m^3] + 6\,[m^2] \times 2.7\,[kg/m^2] = 239.58\,[kg]$

답 239.58 [kg]

(4) 계산과정

가압용 가스	• 질소가스는 소화약제 1 [kg]마다 40 [L] 이상 • 이산화탄소는 소화약제 1 [kg]에 대하여 20 [g] 이상	+	배관 청소에 필요한 양 (이산화탄소만 해당)
축압용 가스	• 질소가스는 소화약제 1 [kg]에 대하여 10 [L] 이상 • 이산화탄소는 소화약제 1 [kg]에 대하여 20 [g] 이상	+	배관 청소에 필요한 양 (이산화탄소만 해당)

※ 배관의 청소에 필요한 양의 가스는 별도의 용기에 저장할 것

가압용 가스(질소) 양 = 239.58 [kg] × 40 [L/kg] = 9583.2 [L]

답 9583.2 [L]

부분점수

문항	부분점수	세부기준
(1)	2점	종류와 주성분을 모두 맞힌 경우 득점 • 1가지가 틀렸을 경우 → 1점 • 2가지 모두 틀렸을 경우 → 0점
(2)	2점	계산과정과 정답을 모두 맞힌 경우 득점
(3)	2점	계산과정과 정답을 모두 맞힌 경우 득점
(4)	2점	계산과정과 정답을 모두 맞힌 경우 득점

12

제연설비 계산문제

정답

(1) 계산과정

$$360 \times 1 \times 60 = 21600 \, [m^3/h]$$

답 21600 [m³/h]

(2) 계산과정

① $A = \dfrac{\dfrac{21600}{3600}}{15} = 0.4 \, [m^2]$

② $L = \dfrac{0.4}{0.5} = 0.8 \, [m] = 800 \, [mm]$

답 800 [mm]

(3) 계산과정

① $A = \dfrac{\dfrac{21600}{3600}}{20} = 0.3 \, [m^2]$

② $A = \dfrac{\pi}{4} \times D^2$

$0.3 = \dfrac{\pi}{4} \times D^2$

$D[m] = 0.618038 \, [m] = 618.04 \, [mm]$

답 618.04 [mm]

(4) 계산과정

$$P = \dfrac{25 \times \dfrac{21600}{3600}}{102 \times 0.55} \times 1.2 = 3.208 ≒ 3.21 \, [kW]$$

답 3.21 [kW]

(5) 10 [m]

(6) 계산과정

$A = 360 \times 35 = 12600 \, [cm^2] = 1.26 \, [m^2]$

답 1.26 [m²]

해설

(1) 거실의 바닥면적이 400 [m²] 미만으로 구획된 예상제연구역에 대한 소요배출량 [m³/h]
바닥면적 1 [m²]당 1 [m³/min] 이상으로 하되, 예상제연구역에 대한 최소 배출량은 5000 [m³/hr] 이상으로 할 것

$Q = A[m^2] \times 1[m^3/\text{min} \cdot m^2] \times 60[\text{min/hr}]$

$\quad = 360[m^2] \times 1[m^3/\text{min} \cdot m^2] \times 60[\text{min/hr}]$

$\quad = 21600[m^3/hr]$

답 21600 [m³/h]

> **참고** 제연설비의 화재안전기술기준(NFTC 501) - 배출량

(1) 거실의 바닥면적이 400 [m²] 미만으로 구획된 예상제연구역에 대한 배출량

바닥면적 1 [m²]당 1 [m³/min] 이상으로 하되, 예상제연구역에 대한 최소 배출량은 5000 [m³/hr] 이상으로 할 것

$$Q = A[m^2] \times 1[m^3/min \cdot m^2] \times 60[min/hr]$$

여기서, Q : 배출량 [m³/hr](최소 배출량은 5000 [m³/hr] 이상), A : 바닥면적 [m²]

(2) 바닥면적 400 [m²] 이상인 거실의 예상제연구역의 배출량

① 예상제연구역이 직경 40 [m]인 원의 범위 안에 있을 경우

배출량 40000 [m³/hr] 이상

다만 예상제연구역이 제연경계로 구획된 경우에는 그 수직거리에 따른 배출량으로 산정

수직거리	배출량
2 [m] 이하	40000 [m³/hr] 이상
2 [m] 초과 2.5 [m] 이하	45000 [m³/hr] 이상
2.5 [m] 초과 3 [m] 이하	50000 [m³/hr] 이상
3 [m] 초과	60000 [m³/hr] 이상

② 예상제연구역이 직경 40 [m]인 원의 범위를 초과할 경우

배출량 45000 [m³/hr] 이상

다만 예상제연구역이 제연경계로 구획된 경우에는 그 수직거리에 따른 배출량으로 산정

수직거리	배출량
2 [m] 이하	45000 [m³/hr] 이상
2 [m] 초과 2.5 [m] 이하	50000 [m³/hr] 이상
2.5 [m] 초과 3 [m] 이하	55000 [m³/hr] 이상
3 [m] 초과	65000 [m³/hr] 이상

(2) 흡입 측 풍도의 최소 폭 [mm]
  ① 흡입 측 최소 단면적

$$A = \frac{Q[m^3/s]}{V[m/s]} = \frac{\frac{21600}{3600}[m^3/s]}{15[m/s]} = 0.4[m^2]$$

  ② 흡입 측 풍도의 최소 폭

$$L = \frac{\text{단면적 } A[m^2]}{\text{풍도 높이 } L[m]} = \frac{0.4[m^2]}{0.5[m]} = 0.8[m] = 800[mm]$$

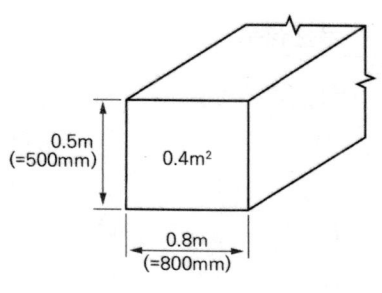

답 800 [mm]

(3) 배출 측 원형 풍도의 직경 [mm]

  ① 배출 측 단면적 $A = \frac{Q[m^3/s]}{V[m/s]} = \frac{\frac{21600}{3600}[m^3/s]}{20[m/s]} = 0.3[m^2]$

  ② 배출 측 원형 풍도의 직경 D

$$A = \frac{\pi}{4} \times D^2$$

$$0.3[m^2] = \frac{\pi}{4} \times D^2$$

$$D[m] = 0.618038[m] = 618.04[mm]$$

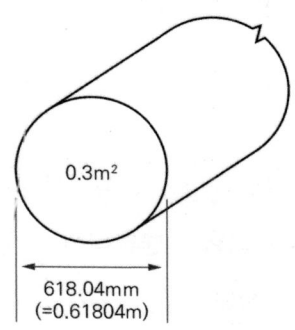

답 618.04 [mm]

(4) 송풍기의 전동기 동력 [kW]

$$P = \frac{P_t \times Q}{102\eta} \times K = \frac{25[mmAq] \times \frac{21600}{3600}[m^3/s]}{102 \times 0.55} \times 1.2 = 3.208 ≒ 3.21[kW]$$

답 3.21 [kW]

(5)

답 10 [m]

> **참고** 제연설비의 화재안전기술기준(NFTC 501) - 2.4 배출구
>
> 2.4.2 예상제연구역의 각 부분으로부터 하나의 배출구까지의 수평거리는 10 [m] 이내가 되도록 해야 한다.

(6) 공기유입구의 최소 면적 [m²] = 예상제연구역 배출량 [m³/min] × 35 [cm²/CMM]

   공기유입구의 최소 면적 $A = 360[CMM] \times 35[cm^2/CMM] = 12600[cm^2] = 1.26[m^2]$

답 1.26 [m²]

> **참고** 제연설비의 화재안전기술기준(NFTC 501) - 2.5 공기유입방식 및 유입구
>
> 2.5.6 예상제연구역에 대한 공기유입구의 크기는 해당 예상제연구역 배출량 1 [m³/min]에 대하여 35 [cm²] 이상으로 해야 한다.

부분점수

문항	부분점수	세부기준
(1)	1점	계산과정과 정답을 모두 맞힌 경우 득점
(2)	2점	계산과정과 정답을 모두 맞힌 경우 득점
(3)	2점	계산과정과 정답을 모두 맞힌 경우 득점
(4)	1점	계산과정과 정답을 모두 맞힌 경우 득점
(5)	1점	정답을 맞힌 경우 득점
(6)	1점	계산과정과 정답을 모두 맞힌 경우 득점

13

배점 5점

유체역학 - 벤츄리관 유량 및 유속 산출 문제

정답

(1) 계산과정

① 벤츄리관의 유량 Q_2 : $0.98 \times \dfrac{\frac{\pi}{4} \times 0.15^2}{\sqrt{1 - \left(\dfrac{0.15}{0.28}\right)^4}} \times \sqrt{2 \times 9.8 \times 0.2 \times \left(\dfrac{13.6}{1} - 1\right)}$

$= 0.1270 ≒ 0.127 [\text{m}^3/\text{s}]$

② 물의 유속 V_1 : $\dfrac{0.127}{\frac{\pi}{4} \times 0.28^2} = 2.062 ≒ 2.06 [m/s]$ 　　　**답** 2.06 [m/s]

해설

(1) 계산과정

> **벤츄리관의 유량 공식**
>
> $$Q = C_d \dfrac{A_2}{\sqrt{1 - \left(\dfrac{A_2}{A_1}\right)^2}} \sqrt{2gh\left(\dfrac{S_0}{S} - 1\right)} = C_d \dfrac{A_2}{\sqrt{1 - \left(\dfrac{D_2}{D_1}\right)^4}} \sqrt{2gh\left(\dfrac{S_0}{S} - 1\right)}$$
>
> Q : 유량 [m³/s], C_d : 유량계수, A_1 : 배관 단면적 [m²], A_2 : 벤츄리관 단면적 [m²]
>
> $\dfrac{A_2}{A_1}$: 개구비, D_1 : 배관 내경 [m], D_2 : 벤츄리관 내경 [m]
>
> h : 마노미터 높이 차 [m], S : 배관 유체 비중, S_0 : U자관 액주계 유체 비중

① 벤츄리관의 유량 Q_2

$$Q_2 = C_d \frac{A_2}{\sqrt{1-\left(\frac{D_2}{D_1}\right)^4}} \sqrt{2gh\left(\frac{S_0}{S}-1\right)}$$

$$= 0.98 \times \frac{\frac{\pi}{4} \times 0.15^2}{\sqrt{1-\left(\frac{0.15}{0.28}\right)^4}} \times \sqrt{2 \times 9.8 \times 0.2 \times \left(\frac{13.6}{1}-1\right)}$$

$$= 0.1270 ≒ 0.127 [\text{m}^3/\text{s}]$$

② 물의 유속 V_1

$$V_1 = \frac{Q_1}{A_1} = \frac{Q_2}{A_1} = \frac{0.127[m^3/s]}{\frac{\pi}{4} \times 0.28^2 [m^2]} = 2.062 ≒ 2.06[m/s] (\because Q_1 = Q_2 \text{이므로})$$

답 2.06 [m/s]

심화 벤츄리미터 유량계의 유량 공식

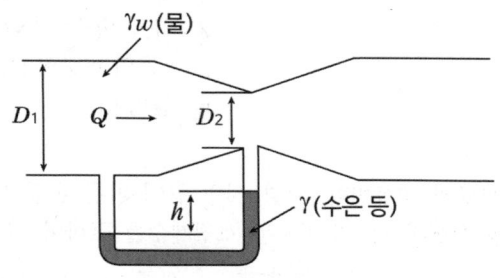

(1) 벤츄리미터의 이론 유속

$$\text{이론 } V_2 = \frac{1}{\sqrt{1-\left(\frac{D_2}{D_1}\right)^4}} \sqrt{2gh\left(\frac{\gamma}{\gamma_w}-1\right)}$$

이론 V_2 : 이론 유속 [m/s]
D_2 : 교축부 직경 [m]
D_1 : 배관의 직경 [m]
g : 중력가속도 [m/s²]
γ : 유체 비중량 [N/m³]
γ_w : 물의 비중량 [N/m³]
h : 높이 [m]

(2) 벤츄리미터의 실제 유속

$$\text{실제 } V_2 = C_V \frac{1}{\sqrt{1-\left(\frac{D_2}{D_1}\right)^4}} \sqrt{2gh\left(\frac{\gamma}{\gamma_w}-1\right)}$$

실제 V_2 : 실제 유속 [m/s]
C_V : 속도계수
D_2 : 교축부 직경 [m]
D_1 : 배관의 직경 [m]
g : 중력가속도 [m/s²]
γ : 유체 비중량 [N/m³]
γ_w : 물의 비중량 [N/m³]
h : 높이 [m]

(3) 벤츄리미터의 이론 유량

$$\text{이론 } Q = \frac{A_2}{\sqrt{1-\left(\frac{D_2}{D_1}\right)^4}} \sqrt{2gh\left(\frac{\gamma}{\gamma_w}-1\right)}$$

이론 Q : 이론 유량 [m³/s]
A_2 : 교축부 단면적 [m²]
D_2 : 교축부 직경 [m]
D_1 : 배관의 직경 [m]
g : 중력가속도 [m/s²]
γ : 유체 비중량 [N/m³]
γ_w : 물의 비중량 [N/m³]
h : 높이 [m]

(4) 벤츄리미터의 실제 유량
실제 유체의 흐름에서는 관로의 형상변화, 마찰 저항 등에 따른 손실로 인하여 유량이 이론값보다 작아진다. 이러한 손실들을 실험적으로 얻어지는 보정계수를 곱하여 실제 유량을 구할 수 있다.

$$\text{실제 } Q = C_V \cdot \frac{A_2}{\sqrt{1-\left(\frac{D_2}{D_1}\right)^4}} \sqrt{2gh\left(\frac{\gamma}{\gamma_w}-1\right)}$$

$$= C_d \cdot \frac{A_2}{\sqrt{1-\left(\frac{D_2}{D_1}\right)^4}} \sqrt{2gh\left(\frac{\gamma}{\gamma_w}-1\right)}$$

실제 Q : 실제 유량 [m³/s]
C_V : 속도계수
C_d : 방출계수(= 유량계수)
A_2 : 교축부 단면적 [m²]
D_2 : 교축부 직경 [m]
D_1 : 배관의 직경 [m]
g : 중력가속도 [m/s²]
γ : 유체 비중량 [N/m³]
γ_w : 물의 비중량 [N/m³]
h : 높이 [m]

(5) C_d : 방출계수(= 유량계수), Discharge Coeffcient
  ① 이론 유량(Ideal Flow)에 대한 실제 유량(Actual Flow)의 비
  ② 방출계수(C_d) = 속도계수(C_V) × 수축계수(C_C)
  ③ 방출계수 C_d는 1보다 작음
  ④ 벤츄리 유량계 C_d : 0.95 ~ 0.99로 매우 큼(Re가 클수록 C_d도 커짐)
    오리피스 유량계 C_d : 0.61로 일정한 값(Re가 큰[Re > 30000] 유동에 대해)

(6) 벤츄리미터의 이론 유속 유도 과정
  관로의 ①지점과 ②지점에 대하여 베르누이 방정식을 적용하면

  $$\frac{P_1}{\gamma_w} + \frac{V_1^2}{2g} + Z_1 = \frac{P_2}{\gamma_w} + \frac{V_2^2}{2g} + Z_2, \text{ 여기서 } Z_1 = Z_2 \text{이므로}$$

  $$\frac{P_1}{\gamma_w} + \frac{V_1^2}{2g} = \frac{P_2}{\gamma_w} + \frac{V_2^2}{2g}$$

  $$\frac{P_1 - P_2}{\gamma_w} = \frac{V_2^2 - V_1^2}{2g} = \frac{1}{2g}(V_2^2 - V_1^2) = \frac{V_2^2}{2g}\left(1 - \frac{V_1^2}{V_2^2}\right)$$

  연속방정식 $A_1 V_1 = A_2 V_2$에서 $\frac{V_1}{V_2} = \frac{A_2}{A_1}$이므로

  $$\frac{P_1 - P_2}{\gamma_w} = \frac{V_2^2}{2g}\left\{1 - \left(\frac{A_2}{A_1}\right)^2\right\}$$

  위 식을 V_2에 대해 정리하면,

  $$V_2^2 = \frac{1}{1 - \left(\frac{A_2}{A_1}\right)^2}\left\{2g \times \frac{(P_1 - P_2)}{\gamma_w}\right\}$$

  $$\therefore V_2 = \frac{1}{\sqrt{1 - \left(\frac{A_2}{A_1}\right)^2}} \sqrt{2g \times \frac{(P_1 - P_2)}{\gamma_w}}$$

  시차액주계에서 $P_1 - P_2 = (\gamma - \gamma_w)h$이고, $\left(\frac{A_2}{A_1}\right)^2 = \left(\frac{\frac{\pi}{4}D_2^2}{\frac{\pi}{4}D_1^2}\right)^2 = \left(\frac{D_2}{D_1}\right)^4$이므로

  $$V_2 = \frac{1}{\sqrt{1 - \left(\frac{A_2}{A_1}\right)^2}} \sqrt{2g \times \frac{(\gamma - \gamma_w)h}{\gamma_w}} = \frac{1}{\sqrt{1 - \left(\frac{D_2}{D_1}\right)^4}} \sqrt{2gh\left(\frac{\gamma}{\gamma_w} - 1\right)}$$

부분점수 없음

14

배점 8점

할로겐화합물 및 불활성기체 소화설비 계산문제

정답

(1) 계산과정

$$V_S = 0.65799 + (0.00239 \times 20) = 0.70579 [m^3/kg]$$

$$S = 0.65799 + (0.00239 \times 12) = 0.68667 [m^3/kg]$$

$$C = 33 \times 1.35 = 44.55 [\%]$$

$$V = 11 \times 7 \times 5 = 385 [m^3]$$

$$\therefore X = 2.303 \times \left(\frac{0.70579}{0.68667}\right) \times \log_{10}\left[\frac{100}{100-44.55}\right] \times 385 = 233.393 ≒ 233.39 [m^3]$$

답 233.39 [m³]

(2) 계산과정

① 1병당 충전량(1병에 대한 방출 후 가스 체적)[m³]

$$\frac{(P_a + P_1) \times V_1}{T_1} = \frac{(P_a + P_2) \times V_2}{T_2}$$

$$\frac{(0.101325 + 15) \times 0.08}{(273+21)} = \frac{0.101325 \times V_2}{(273+12)}$$

$$\therefore V_2 = 11.558 [m^3]$$

② 저장용기 수

$$저장용기 \ 수 = \frac{최소 \ 필요 \ 약제량 [m^3]}{1병에 \ 대한 \ 약제 \ 방출후 \ 체적 [m^3]}$$

$$\therefore 용기 \ 수 = \frac{233.39 [m^3]}{11.558 [m^3/병]} = 20.192 ≒ 21병$$

답 21병

(3) 계산과정

$$X[m^3] = 2.303 \times \left(\frac{0.70579}{0.68667}\right) \times \log_{10}\left[\frac{100}{100-44.55 \times 0.95}\right] \times 385 = 217.8052 ≒ 217.805 [m^3]$$

$$\therefore \frac{X[m^3]}{T[s]} = \frac{217.805 [m^3]}{120 [s]} = 1.815 ≒ 1.82 [m^3/s]$$

답 1.82 [m³/s]

(4) 할로겐화합물 및 불활성기체소화설비의 방호구역에는 소화약제 방출 시 발생하는 과(부)압으로 인한 구조물 등의 손상을 방지하기 위해 1부터 4까지의 내용을 검토하여 과압배출구를 설치해야 한다. 다만 과(부)압이 발생해도 구조물 등에 손상이 생길 우려가 없음을 시험 또는 공학적인 자료로 입증하는 경우 설치하지 않을 수 있다.
1. 방호구역 (① <u>누설면적</u>)
2. 방호구역의 (② <u>최대허용압력</u>)
3. 소화약제 방출 시의 (③ <u>최고압력</u>)
4. 소화농도 (④ <u>유지시간</u>)

해설

(1) $X[m^3] = 2.303 \times \dfrac{V_s[m^3/kg]}{S[m^3/kg]} \times \log\left[\dfrac{100}{100-C[\%]}\right] \times V[m^3]$

$V_S = K_1 + K_2 \times 20[°C] = 0.65799 + (0.00239 \times 20) = 0.70579 [m^3/kg]$

$S = K_1 + K_2 \times t[°C] = 0.65799 + (0.00239 \times 12) = 0.68667 [m^3/kg]$

$C = 33 \times 1.35 = 44.55[\%]$ (안전계수 : C급 화재는 1.35)

$V = 11[m] \times 7[m] \times 5[m] = 385[m^3]$

$\therefore X = 2.303 \times \left(\dfrac{0.70579}{0.68667}\right) \times \log_{10}\left[\dfrac{100}{100-44.55}\right] \times 385 = 233.393 ≒ 233.39[m^3]$

답 233.39 [m³]

(2) 저장용기 수 $= \dfrac{\text{최소 필요 약제량}[m^3]}{\text{1병에 충전된 약제량}[m^3]} = \dfrac{\text{최소 필요 약제량}[m^3]}{\text{1병에 대한 약제 방출후 체적}[m^3]}$

① 1병에 대한 방출 후 가스 체적 [m³]
※ 1병에 대한 방출 후 가스 체적 [m³]

$$\dfrac{(P_a + P_1) \times V_1}{T_1} = \dfrac{(P_a + P_2) \times V_2}{T_2}$$

P_a : 대기압 [MPa], P_1 : 충전압력 [MPa], V_1 : 저장용기 1병의 체적 [m³],
T_1 : 저장용기실의 온도 [K](충전시 온도) P_2 : 방출 후 압력 [MPa],
V_2 : 1병에 대한 약제 방출 후 가스의 체적 [m³], T_2 : 방호구역의 온도 [K]

따라서 용기 1병에 대한 방출 후 가스 체적 $V_2\,[m^3]$를 구하면

$$\frac{(P_a+P_1)\times V_1}{T_1}=\frac{(P_a+P_2)\times V_2}{T_2}$$

$$\frac{(0.101325+15)[MPa]\times 0.08[m^3]}{(273+21)[K]}=\frac{0.101325[MPa]\times V_2[m^3]}{(273+12)[K]}$$

$\therefore\ V_2=11.558\,[m^3]$ (즉, 80 [L] 용기 1병당 11.558 $[m^3]$의 약제가 충전되어 있다는 뜻)

② 저장용기 수

$$\text{저장용기 수}=\frac{\text{최소 필요 약제량}[m^3]}{\text{1병에 충전된 약제량}[m^3]}=\frac{\text{최소 필요 약제량}[m^3]}{\text{1병에 대한 약제 방출후 체적}[m^3]}$$

$$\text{용기 수}=\frac{233.39\,[m^3]}{11.558\,[m^3/\text{병}]}=20.192 ≒ 21\text{병}$$

🔑 21병

(3) $X[m^3]=2.303\times\dfrac{V_S[m^3/kg]}{S[m^3/kg]}\times\log_{10}\left[\dfrac{100}{100-C[\%]\times 0.95}\right]\times V[m^3]$

$\quad=2.303\times\left(\dfrac{0.70579}{0.68667}\right)\times\log_{10}\left[\dfrac{100}{100-44.55\times 0.95}\right]\times 385=217.8052 ≒ 217.805\,[m^3]$

$\therefore\ \dfrac{X[m^3]}{T[s]}=\dfrac{217.805\,[m^3]}{120\,[s]}=1.815 ≒ 1.82\,[m^3/s]$

(∵ 전기화재로 가정하므로 2분 이내에 방출되어야 함)

> **할로겐화합물 및 불활성기체소화설비의 화재안전기술기준(NFTC 107A)**
> 2.7.3 배관의 구경은 해당 방호구역에 할로겐화합물소화약제는 10초 이내에, 불활성기체소화약제는 A·C급 화재 2분, B급 화재 1분 이내에 방호구역 각 부분에 최소설계농도의 95 [%] 이상에 해당하는 약제량이 방출되도록 해야 한다.

🔑 1.82 [m³/s]

(4)은 정답과 해설이 일치한다.

부분점수

문항	부분점수	세부기준
(1)	2점	계산과정과 정답을 모두 맞힌 경우 득점
(2)	2점	계산과정과 정답을 모두 맞힌 경우 득점
(3)	2점	계산과정과 정답을 모두 맞힌 경우 득점
(4)	2점	괄호당 1점으로 점수 산정(단, 3개 이상 틀릴 경우 0점)

15

지하구의 연소방지설비 단답형 문제

정답

(1) 연소방지설비의 전용헤드 사용하는 경우 살수헤드의 수가 4개 또는 5개일 경우 배관의 구경은 (① 65) [mm]로 할 것

(2) 헤드 간의 수평거리는 연소방지설비 전용헤드의 경우에는 (② 2) [m] 이하, 개방형 스프링클러헤드의 경우에는 (③ 1.5) [m] 이하로 할 것

(3) 소방대원의 출입이 가능한 환기구·작업구마다 지하구의 양쪽방향으로 살수헤드를 설정하되, 한쪽 방향의 살수구역의 길이는 (④ 3) [m] 이상으로 할 것. 다만 환기구 사이의 간격이 (⑤ 700) [m]를 초과할 경우에는 (⑤ 700) [m] 이내마다 살수구역을 설정하되, 지하구의 구조를 고려하여 방화벽을 설치한 경우에는 그렇지 않다.

해설

(1)

참고 지하구의 화재안전기술기준(NFTC 605) - 2.4 연소방지설비

연소방지설비전용헤드를 사용하는 경우에는 다음 표에 따른 구경 이상으로 할 것

하나의 배관에 부착하는 연소방지설비 전용헤드의 개수	1개	2개	3개	4개 또는 5개	6개 이상
배관의 구경 [mm]	32	40	50	65	80

(2), (3)은 정답과 해설이 일치한다.

부분점수

문항	부분점수	세부기준
① ~ ⑤	각 1점	정답을 모두 맞힌 경우 득점(괄호당 각 1점으로 점수 산정)

16

유체역학 - 병렬관로계 계산 문제

> 정답

(1) 계산과정

$$\triangle P_1 = 6.053 \times 10^4 \times \frac{Q_1^{1.85}}{C^{1.85} \times 50^{4.87}} \times 20$$

$$\triangle P_2 = 6.053 \times 10^4 \times \frac{Q_2^{1.85}}{C^{1.85} \times 80^{4.87}} \times 40$$

$$\triangle P_3 = 6.053 \times 10^4 \times \frac{Q_3^{1.85}}{C^{1.85} \times 100^{4.87}} \times 60$$

$\triangle P_1 = \triangle P_2 = \triangle P_3$ 이므로

$$6.053 \times 10^4 \times \frac{Q_1^{1.85}}{C^{1.85} \times 50^{4.87}} \times 20 = 6.053 \times 10^4 \times \frac{Q_2^{1.85}}{C^{1.85} \times 80^{4.87}} \times 40$$

$$= 6.053 \times 10^4 \times \frac{Q_3^{1.85}}{C^{1.85} \times 100^{4.87}} \times 60$$

$$\frac{Q_1^{1.85}}{50^{4.87}} \times 20 = \frac{Q_2^{1.85}}{80^{4.87}} \times 40 = \frac{Q_3^{1.85}}{100^{4.87}} \times 60$$

여기서, $Q_2 = 2.369\, Q_1$
$\qquad\quad\ Q_3 = 3.424\, Q_1$

이므로

$Q_T = Q_1 + Q_2 + Q_3$에 대입하면

$2000 = Q_1 + 2.369\, Q_1 + 3.424\, Q_1 = 6.793\, Q_1$

∴ $Q_1 = 294.421 = 294\,[L/\min]$

∴ $Q_2 = 2.369 \times Q_1 = 2.369 \times 294.421 = 697.483 = 697\,[L/\min]$

∴ $Q_3 = 2000 - Q_1 - Q_2 = 2000 - 294 - 697 = 1009\,[L/\min]$

답 배관 ①의 유량 : 294 [L/min]
　　배관 ②의 유량 : 697 [L/min]
　　배관 ③의 유량 : 1009 [L/min]

> 해설

계산과정

$\triangle P_1 = \triangle P_2 = \triangle P_3$ ·· (1)식

$Q_T = Q_1 + Q_2 + Q_3$ ··· (2)식

(1) $\triangle P_1 = \triangle P_2 = \triangle P_3$

$$\triangle P_1 = 6.053 \times 10^4 \times \frac{Q_1^{1.85}}{C^{1.85} \times 50^{4.87}} \times 20$$

$$\triangle P_2 = 6.053 \times 10^4 \times \frac{Q_2^{1.85}}{C^{1.85} \times 80^{4.87}} \times 40$$

$$\triangle P_3 = 6.053 \times 10^4 \times \frac{Q_3^{1.85}}{C^{1.85} \times 100^{4.87}} \times 60$$

$\triangle P_1 = \triangle P_2 = \triangle P_3$ 이므로

$$\cancel{6.053 \times 10^4} \times \frac{Q_1^{1.85}}{\cancel{C^{1.85}} \times 50^{4.87}} \times 20$$

$$= \cancel{6.053 \times 10^4} \times \frac{Q_2^{1.85}}{\cancel{C^{1.85}} \times 80^{4.87}} \times 40$$

$$= \cancel{6.053 \times 10^4} \times \frac{Q_3^{1.85}}{\cancel{C^{1.85}} \times 100^{4.87}} \times 60$$

$$\frac{Q_1^{1.85}}{50^{4.87}} \times 20 = \frac{Q_2^{1.85}}{80^{4.87}} \times 40 = \frac{Q_3^{1.85}}{100^{4.87}} \times 60$$

위 식에서 Q_2, Q_3를 Q_1에 관한 식으로 정리하면
여기서,

① Q_1과 Q_2와의 관계

$$Q_2^{1.85} = \frac{80^{4.87}}{50^{4.87}} \times \frac{20}{40} \times Q_1^{1.85}$$

$$Q_2 = \left(\frac{80^{4.87}}{50^{4.87}} \times \frac{20}{40}\right)^{\frac{1}{1.85}} \times Q_1$$

$\therefore Q_2 = 2.369\, Q_1$ ············ (2)식에 대입

② Q_1과 Q_3와의 관계

$$\frac{Q_1^{1.85}}{50^{4.87}} \times 20 = \frac{Q_3^{1.85}}{100^{4.87}} \times 60$$

$$Q_3^{1.85} = \frac{100^{4.87}}{50^{4.87}} \times \frac{20}{60} \times Q_1^{1.85}$$

$$Q_3 = \left(\frac{100^{4.87}}{50^{4.87}} \times \frac{20}{60}\right)^{\frac{1}{1.85}} \times Q_1$$

$\therefore Q_3 = 3.424\, Q_1$ ············ (2)식에 대입

(2) $Q_T = Q_1 + Q_2 + Q_3$

$2000[L/\min] = Q_1 + Q_2 + Q_3 = Q_1 + 2.369Q_1 + 3.424Q_1 = 6.793Q_1$

$\therefore Q_1 = 294.421 = 294[L/\min]$

$\therefore Q_2 = 2.369 \times Q_1 = 2.369 \times 294.421[L/\min] = 697.483 = 697[L/\min]$

$\therefore Q_3 = 2000[L/\min] - Q_1 - Q_2$
$= 2000[L/\min] - 294[L/\min] - 697[L/\min] = 1009[L/\min]$

답 배관 ①의 유량 : $294[L/\min]$
배관 ②의 유량 : $697[L/\min]$
배관 ③의 유량 : $1009[L/\min]$

부분점수

문항	부분점수	세부기준
①, ②, ③	6점	배관 ①의 유량, 배관 ②의 유량, 배관 ③의 유량 모두 맞힌 경우 득점 (배관 ①, ②, ③의 유량에 대한 부분점수 없음)

소방설비기사 합격!
여러분의 합격은 모아의 보람입니다.

끊임없이 변화를 추구하는 교육기업
모아교육그룹

모아를 선택해주신 여러분께 감사드립니다.

- 모아는 혁신적인 교육을 통해 인간의 사고(思考)를 확장 및 변화시킬 수 있다고 믿고 있습니다.

- 모아는 미래를 교육으로 변화시킬 수 있다고 믿고 있습니다.

- 모아는 청년부터 장년, 중년, 노년까지의 성인교육에 중점을 두고 사업을 진행하고 있습니다.

초고령화, 불확실성의 시대

모아는 당신의 미래를 함께 하는 혁신적인 교육 플랫폼이 되겠습니다.